スッキリとける問題集

建設業経理士 1級

原価計算

TAC出版開発グループ

はしがき

着実に「解ける力」がつく問題集

建設業経理士１級試験に合格するには、100点満点で70点以上をとることが必要となってきます。そのためには、テキストの内容を理解するだけでなく、問題として問われたときに正しく解答を導き出す力が求められるでしょう。

本書は、論点別に問題を並べています。以下、本書の特徴でも述べているテキストも使い、インプット・アウトプットを繰り返していけば、きっと合格に近づいていくはずです。

本書の特徴１　テキスト『スッキリわかる』に完全対応！

本書の「論点別問題編」の構成は、姉妹本となる『スッキリわかる　建設業経理士１級　原価計算』（テキスト）に完全対応しています。テキストでは理解できても、問題になると解けない…ということはよくあることです。２冊を効率的に活用し、問題への対応力を高めていってください。

本書の特徴２　過去問題３回分付き！

本試験は毎年度９月と３月に行われますが、この本では2024年３月試験からさかのぼって３回分の過去問題を載せてあります。本試験と同じく１時間30分を制限時間とし、学習の成果がどれだけ発揮できるか、ぜひ試してみてください。

また、最近の試験傾向をつかめたり、特徴のある解答用紙への記入にも慣れることができたりと、本試験に向けた格好のシミュレーションにもなるはずです。ご活用ください。

難しく感じることがあったとしても、繰り返しやテキストに戻っての理解によって、きっと合格への道が開けてくるはずです。

2024年５月

・第５版刊行にあたって

過去問題編の問題につき最新問題に差し換えました。

本書の効果的な使い方

1．「論点別問題編」を順次解く！

『スッキリわかる　建設業経理士1級　原価計算』（テキスト）を一通り理解したら、本書の「**論点別問題編**」を**章別**に解いていきましょう。問題によっては、別冊内に解答用紙を用意しておりますので、ご利用ください。また、解答用紙は**ダウンロードサービス**もありますので、あわせてご利用ください。

2．間違えた問題は、テキストに戻って確認！

『スッキリわかる　建設業経理士1級　原価計算』（テキスト）と本書は**章構成が完全対応**していますので、間違えた問題はテキストに戻ってしっかりと復習しておきましょう。その後、改めて問題を解き直して、間違えの克服を行いましょう。

3．3回分の過去問題を解く！

本書の別冊には、**3回分の過去問題**を収載しています。時間（1時間30分）を計って、学習の総仕上げと本番のシミュレーションを行いましょう。

なお、過去問題の解答用紙についてもダウンロードサービスがありますので、苦手な問題などがある場合には、繰り返し解いてみることをおすすめします。

合格

建設業経理士１級（原価計算）の出題傾向と対策

1．配点

試験ごとに多少異なりますが、通常、次のような配点で出題されます。

第1問	第2問	第3問	第4問	第5問	合　計
20点	10点	14点	16点	40点	100点

なお、試験時間は１時間30分、合格基準は100点満点中70点以上となります。

2．出題傾向と対策

第１問から第５問の出題傾向と対策は次のとおりです。

	出題傾向	対　策
第1問	第１問は記述問題が２題出題されます。	200字程度で、原価計算基準や建設業固有の事前原価計算や損料計算などについて出題されます。テキストをよく読んで、建設業特有の考え方や知識を身につけておきましょう。
第2問	第２問は用語選択問題や正誤問題が出題されます。	原価計算の総論から各論まで幅広く問われます。計算問題を通して、用語の理解を深めておくことが重要です。
第3問	第３問は論点ごとの個別計算問題が出題されます。	建設業固有の損料差異の計算や、コスト・センターについての問題が多く出題されます。問題演習を繰り返し行ってしっかり理解しておきましょう。
第4問	第４問は計算問題が出題されます。	完成品原価および仕掛品原価を求める問題で、個別原価計算、総合原価計算など幅広く出題されます。原価計算の計算構造をよく理解できているかが重要となります。
第5問	第５問は計算問題が出題されます。	部門別個別原価計算を主な題材とし、完成品原価および仕掛品原価の算定、原価計算表や完成工事原価報告書の作成、差異分析など多岐にわたる出題です。難易度は高くないので、ケアレス・ミスをしないことが重要です。

※建設業経理士１級の試験は毎年度9月・3月に行われています。試験の詳細につきましては、検定試験ホームページ（https://www.keiri-kentei.jp/）でご確認ください。

出題論点分析一覧表

第24回～第34回までに出題された論点は以下のとおりです。

第1問（記述問題）

論点	24	25	26	27	28	29	30	31	32	33	34
建設業の特性					★	★	★				★
事前原価計算							★			★	
原価計算制度と特殊原価調査						★			★		
原価の分類基準	★		★								
材料費・仮設材料費		★									
労務費・経費											★
工事間接費										★	
総合原価計算	★										
標準原価計算									★		
企業予算の編成			★		★			★			
原価管理				★							
経営意思決定								★			
戦略的原価管理		★		★							

第2問（選⇒語句選択問題、正⇒正誤問題、択⇒二者択一問題）

論点	24	25	26	27	28	29	30	31	32	33	34
原価計算基準					選						
原価計算制度と特殊原価調査				正							
原価の本質・正常性・非原価項目											
原価の分類				正							
材料費・労務費・外注費・経費			選	正					選		
工事間接費の配賦		正							選		
原価の部門別計算									選		
重機械・仮設材料の損料計算											
個別原価計算と総合原価計算				正			正				
工事契約に関する基準											
標準原価計算				正				選			
原価差異の会計処理											
品質原価計算										選	
特殊原価概念	選					選					正

第3問（計算問題）

論点	24	25	26	27	28	29	30	31	32	33	34
重機械・仮設材料の損料計算	★			★					★		
材料費・労務費								★			
工事進行基準		★									
業務執行上の意思決定											
設備投資の意思決定						★					
工事間接費の配賦			★		★		★			★	★

第4問（計算問題）

論点	24	25	26	27	28	29	30	31	32	33	34
個別原価計算						★					
総合原価計算				★							
業務執行上の意思決定		★					★			★	
設備投資の意思決定	★		★		★			★	★		★

第5問（総合問題）

論点	24	25	26	27	28	29	30	31	32	33	34
完成工事原価報告書の作成	★	★	★	★	★	★		★		★	★
未成工事支出金の繰越額	★	★	★	★	★	★		★		★	★
原価差異勘定の残高	★	★	★	★	★	★		★	★	★	★
工事原価計算表の作成							★		★		
完成工事高の計算							★				
原価差異の分析							★				

CONTENTS

過去問題編　解答・解説

過去問題編　問題・解答用紙（別冊）

※　論点別問題編、過去問題編とも解答用紙はダウンロードしてご利用いただけます。TAC出版書籍販売サイト・サイバーブックストアにアクセスしてください。
https://bookstore.tac-school.co.jp/

論点別問題編

問　題

マークの意味

理論 計算 …理論問題

理論 計算 …計算問題

第１章　原価計算の基礎

問題 1　アクティビティ・コストとキャパシティ・コスト　解答…P.50　理論 計算

アクティビティ・コストとキャパシティ・コストの原価管理上の相違について200字以内で述べなさい。

問題 2　事前原価計算　解答…P.50　理論 計算

建設業において事前原価計算が重視される理由を述べ、あわせて事前原価計算制度の概要を200字以内で述べなさい。

問題 3　原価計算の基礎　解答…P.51　理論 計算

次の各文の［　　］の中に、下記の用語群の中から適当なものを選び、その記号（ア～ツ）を所定の欄に記入しなさい。なお、同一の用語を２回以上使用してもよい。

1．偶発的事故による補償費用は通常［　1　］である。
2．工事受注獲得のための関係書類を作成するための「積算」は一種の［　2　］である。
3．工事原価は［　3　］と純工事費に分類される。
4．工事費は工事原価と［　4　］に分類される。
5．新型機械を導入するかどうかの計算は［　5　］である。

（用語群）

ア	原価	イ	標準原価計算	ウ	工事進行基準
エ	原価計算制度	オ	特殊原価調査	カ	一般管理費等
キ	プロダクト・コスト	ク	工事完成基準	ケ	現場経費
コ	原価計算制度外	サ	直接工事費	シ	事前原価計算
ス	ピリオド・コスト	セ	事後原価計算	ソ	非原価項目
タ	アクティビィティ・コスト	チ	キャパシティ・コスト	ツ	工事間接費

第2章　建設業の特質と建設業原価計算

問題 4　建設業の特質

解答…P.52 理論 計算

1．建設業の特質をあげなさい。
2．それぞれの特質が建設業原価計算に与えている影響を示しなさい。

問題 5　工事費

解答…P.53 理論 計算

工事費について、解答欄の空欄を埋めなさい。

第3章　工事原価の費目別計算

問題 6　仮設材料費

解答…P.53 理論 計算

仮設材料費の処理方法には2つの方式があります。両者について説明しなさい。

問題 7　費目別計算

解答…P.54 理論 計算

材料に関する次の資料により下記の各問に答えなさい。

（資料1）年間予算

1．材料購入量	7,200kg	2．購入代価総額	14,400,000円
3．引取費総額	300,000円	4．検収費総額	210,000円
5．保険料総額	160,000円	6．購入事務費総額	50,000円

材料副費は、上記資料を参考に、購入時に購入代価を基準とした予定配賦によって賦課する方法とする。

（資料2）当月データ

1．当月購入量	600kg（1,200,000円）	2．引取費発生額	25,000円
3．検収費発生額	18,000円	4．保険料発生額	12,000円
5．購入事務費発生額	7,000円	6．月初材料棚卸高は存在しない	

7．当月材料消費高 450kg［950,000円（送り状ベース）
うち建設工事用　900,000円、共通仮設工事用　50,000円］

〔問1〕

当月の直接工事費に算入される材料費と材料副費配賦差異を求め、差異については有利・不利を示しなさい。

〔問２〕

上記の共通仮設工事用の材料について、以下の各工事の工事請負高と工事進捗度とを掛け合わせた係数によって、各工事に按分しなさい。

各工事現場	請　負　高	当月進捗度
A	1,000万円	40%
B	2,000万円	20%
C	3,000万円	50%
D	5,000万円	80%
E	4,000万円	30%

問題 8　工事原価の計算

解答…P.55　理論　計算

次の資料によって、完成工事原価を計算しなさい。

（資　料）

１．完成時の未成工事支出金勘定残高		3,000,000円
２．未成工事支出金に算入されている仮設材料の取得価額		280,000円
３．完成時の仮設材料の減価見積額		82,500円

４．仮設材料費の処理方法は、すくい出し方式による。

問題 9　正誤問題

解答…P.56　理論　計算

次の文章のうち、正しいものには○をつけなさい。誤っているものには×をし、その理由を述べなさい。

①　建設資材の調達について発生する購入手数料は、外部材料副費に該当する。

②　購入した建設資材に対して値引きを受けたときには、原則として当該材料の購入原価から控除してはならない。

③　材料の購入原価は、理論的には材料主費と材料副費をもって構成される。

④　特定工事の受注活動によって発生した費用については、工事原価に算入することができる。ただし、受注営業活動についての費用（販売費）を工事原価に配賦すべきではない。

⑤　工種・工程別等の工事の完成を約する外注契約の対価で、その大部分が労務費であるもの（労務外注費）は、完成工事原価報告書では、労務費に含めて表示できない。

第４章　工事間接費（現場共通費）の配賦

問題 10　工事間接費の配賦

解答…P.56 理論 計算

工事間接費を配賦するに際して、正常配賦法あるいは予定配賦法を採用することの意義について250字以内でまとめなさい。

問題 11　工事間接費の配賦

解答…P.57 理論 計算

次の資料により、以下の各問に答えなさい。

〔資　料〕

1．工事間接費年間予算額

変動費：4,080,000円　固定費：3,264,000円

2．当月の工事間接費

600,000円

3．当月データ

工事番号	No.201	No.202	No.203	合　計
直接材料費	61,200円	138,000円	100,800円	300,000円
直接労務費	105,000円	279,000円	156,000円	540,000円
直接作業時間	1,020時間	1,200時間	780時間	3,000時間
機械稼働時間	252時間	312時間	186時間	750時間

4．年間正常機械稼働時間

8,160時間

〔問１〕

実際配賦によって、各工事が負担する工事間接費を計算しなさい。なお、その際の配賦基準としては、

① 直接材料費基準

② 直接労務費基準

③ 素価基準

④ 直接作業時間基準

⑤ 機械稼働時間基準　とする。

配賦額の計算にあたって、端数が生じた場合には、小数点以下は切り上げること。

〔問２〕

機械稼働時間を基準に正常配賦する場合の工事間接費の正常配賦率と配賦差異を計算し、配賦差異を分析しなさい。その際、差異については、(　　)の中に有利・不利の区別をすること。

問題12　総合問題

解答…P.59　理論　計算

下記の資料は、ゴエモン建設株式会社（会計期間は、×1年４月１日～×2年３月31日）における×1年12月次の原価計算関係資料である。次の各問に答えなさい。なお、当月は、前月より継続中のNo.157工事と、当月開始したNo.158工事、No.159工事、No.160工事を実施した。No.157工事、No.158工事、No.159工事は当月中に完成し引き渡したが、No.160工事は月末現在未完了である。

〔問１〕「工事原価計算表」を完成しなさい。

〔問２〕当社では、建設省令に定める「完成工事原価報告書」を月次原価報告書として毎月作成している。同報告書を完成しなさい。

〔問３〕機械部門費配賦差異を計算し、これを予算差異と操業度差異に分解しなさい。なお、これらの差異については、有利差異については「Ａ」、不利差異については「Ｂ」、を所定の欄に記入し、数字の前にはマイナス記号等を記入しないこと。

（資　料）

１．月初未成工事原価　1,525,700円

内訳：材料費　545,000円

労務費　391,000円

外注費　339,000円（Ｐ工事費134,000円　Ｑ工事費205,000円）

経　費　250,700円（人件費56,000円を含む）

２．当月の材料費に関する資料

⑴　甲材料は当該工事用に発注する特定材料で、当月の購入額は次のとおり。

工事番号	No.157	No.158	No.159	No.160
購　入　額　(円)	76,000	480,700	650,500	399,000

ただし、上記購入額中、No.159用の甲材料について43,200円の残材が発生した。これは、今後、他の工事に利用する予定であり、期末現在、在庫となっている。

⑵　乙材料は各工事に共通して使用する常備材料で、消費価格については予定価格法を採用している。予定価格は１kgあたり4,500円で、当月の工事別消費量は次のとおり。

工事番号	No.157	No.158	No.159	No.160
消　費　量 (kg)	3.5	30.5	46.5	10.3

３．当月の労務費に関する資料

当社では、専門工事であるＧ作業について常雇作業員による工事を行っており、労務費計算には予定平均賃率法を採用している。予定平均賃率は労務作業１時間あたり1,700円で、当月の工事別作業時間は次のとおり。

工事番号	No.157	No.158	No.159	No.160
労務作業時間（時間）	76	318	450	90

4．当月の外注費に関する資料

当社では、P工事とQ工事を外注している。その工事別当月発生額は、「工事原価計算表」に示すとおりである。なお、P工事はそのほとんどが労務の外注であるため、「完成工事原価報告書」では、労務費に含めることにしている。

5．当月の経費に関する資料

(1) 直接経費の内訳（単位：円）

工事番号／費目	No.157	No.158	No.159	No.160
動力用光熱費	3,980	20,010	15,660	8,060
従業員給料手当	5,400	21,200	18,390	12,100
法定福利費	800	5,600	2,770	2,100
福利厚生費	620	7,300	3,330	2,220
通信交通費他	4,300	12,550	18,550	9,990
計	15,100	66,660	58,700	34,470

なお、人件費の算定にあたって、退職給付引当金繰入額は考慮しなくてよい。

(2) 機械部門費の配賦

機械部門費については予定配賦法（変動予算法）を採用しており、その関係資料は次のとおり。

① 月初において設定した予定配賦率の算定データ

固定費予算	月　額	320,000円
変動費率	作業1時間あたり	80円
基準作業時間（G工事作業時間）		1,000時間

② 当月の機械部門費実際発生額　389,797円

(3) 本社・現場共通職員人件費　312,600円

本社負担分　55％　工事現場負担分　45％

(4) 本社・現場共通職員人件費のうち工事現場負担分は、甲材料費基準によって各工事に配賦する。

問題13 総合問題

解答…P.62 理論 計算

下記の資料は、ゴエモン建設株式会社（会計期間は、×1年４月１日～×2年３月31日）における×2年１月次の原価計算関係資料である。次の各問に答えなさい。なお、当月は前月より継続中のNo.252工事、No.253工事と、当月開始したNo.254工事、No.255工事を実施した。No.252工事、No.253工事は当月中に完成し引き渡したが、No.254工事とNo.255工事は月末現在未完成である。計算の過程において端数が生じた場合には、特定の指示のあるものをのぞき、円位未満を四捨五入して処理すること。

〔問１〕解答用紙に示す「工事原価計算表」を完成しなさい。

〔問２〕建設省令に定める「完成工事原価報告書」を月次原価報告書として作成しなさい。

〔問３〕次の２つの原価差異を計算しなさい。なお、いずれの問の差異についても、不利差異については「Ａ」、有利差異については「Ｂ」を、所定の欄に記号で記入し、数字の前にはマイナス記号等を記入しないこと。

(1) Ｙ材料費の消費価格差異

(2) 重機械経費の予算差異と操業度差異

（資　料）

１．月初未成工事原価の内訳（単位：円）

摘　　要	材料費	労務費	外注費	経費（うち人件費）	合　計
工事番号No.252	554,900	222,000	421,000	146,850（82,300）	1,344,750
工事番号No.253	96,320	17,700	66,000	9,820（ 1,650）	189,840

２．当月の材料費に関する資料

(1) Ｘ材料は工事用特注材料で、今月の購入額は次のとおり。

工事番号	No.252	No.253	No.254	No.255
引当購入額（円）	65,000	455,000	666,000	314,000

Ｘ材料の購入については、特定の購入手数料が発生する。これはいったん、経費（材料購入経費）として処理し、月末にこれを材料副費として配賦することにしている。配賦方法は特注材料費基準で、当月中の発生額は60,000円であった。

(2) Ｙ材料は常備材料で消費原価については予定価格法を採用している。予定価格は１本あたり2,000円で当月の工事別実際消費量は次のとおり。

工事番号	No.252	No.253	No.254	No.255
消　費　量（本）	9	41	53	33

Ｙ材料の受払いの実績は、次のとおりであった。

月初在庫　25本　　@2,040　51,000円

当月購入　140本　@2,205　308,700円

Ｙ材料の払出単価の決定は総平均法による。

3．当月の労務費に関する資料

当社では、専門工事であるＺ作業について常雇作業員による工事を行っており、労務費計算には予定平均賃率法を採用している。予定平均賃率は労務作業１時間あたり2,600円で、当月の工事別作業時間は次のとおり。

工事番号	No.252	No.253	No.254	No.255
労務作業時間（時間）	21	300	245	77

4．当月の外注費に関する資料

解答用紙の「工事原価計算表」に示すとおり。

5．当月の経費に関する資料

(1) 直接経費の内訳（単位：円）

	No.252	No.253	No.254	No.255
動力用光熱水費	3,650	32,000	24,270	10,080
労務管理費	900	8,970	7,000	1,300
租税公課	0	4,130	6,990	600
従業員給料手当	7,720	44,400	29,050	13,000
法定福利費	1,230	3,360	3,510	1,880
事務用消耗品費	0	21,000	17,770	5,120
通信交通費	2,500	6,320	6,660	5,380
計	16,000	120,180	95,250	37,360

(2) 重機械部門費の配賦

重機械部門費については、予定配賦法（変動予算法）を採用しており、その関係資料は次のとおり。

① 月初において設定した予定配賦率の算出データ

固定費予算（月額）　246,420円

変動費率（作業１時間あたり）　170円

基準作業時間（Ｚ工事作業時間）　666時間

② 当月の重機械部門費実際発生額　321,098円

(3) Ｈ氏は営業部員であり、また、外注工事管理の業務にも従事している。Ｈ氏の当月の人件費と実際活動時間の内訳は次のとおりであった。

人件費：318,720円

実際活動時間の内訳：営業時間 $\frac{1}{3}$　外注管理時間 $\frac{2}{3}$

外注管理時間に対応する人件費は、外注費基準によって各工事に配賦することにしている。

問題 14　空欄補充問題

解答…P.65 理論　計算

次の文章の[　　　]の中に、以下の用語群の中から適切なものを選び、その記号を解答欄に記入しなさい。

1．[①]とは、製造間接費をできるかぎりその発生と関係の深い[②]に結び付けて把握し、その発生の規模を示す[③]によって、プロダクトへの賦課計算を適切に実施しようとする手法である。

2．実際原価計算であっても、その過程で[④]の数値を活用することがある。これは、まずは計算の[⑤]を図ろうとするものであるが、[⑥]に変動のあるようなケースでは、配賦の[⑦]という役割に重要な意義を持つこともある。

（用語群）

A　部門	B　標準	C　操業水準
D　予定	E　迅速化	F　コスト・ドライバー
G　活動基準原価計算	H　標準原価計算	I　実際原価計算
J　直接	K　アクティビティ	L　活性化
M　プロフィット・ドライバー	N　正常化	

問題 15　工事間接費の配賦

解答…P.65 理論　計算

工事間接費を活動（アクティビティ）基準によって配賦するという考え方の意義を200字以内で述べなさい。

問題 16　伝統的原価計算と活動基準原価計算

解答…P.66 理論　計算

次の資料によって、伝統的原価計算と活動基準原価計算を実施した場合のＡ工事・Ｂ工事の工事総利益、工事総利益率（％未満の小数点第２位を四捨五入）を求めなさい。

1．工事間接費総額　　1,638,000円

2．工事間接費を、経済的資源を消費した活動に集計した場合、次のように区分される。

機械利用費	1,008,000円
メンテナンス費	216,000
段取費	144,000
運搬費	270,000
	1,638,000円

3．伝統的原価計算の工事間接費の配賦は、労務費基準による。

4．活動基準原価計算のコスト・ドライバーと配賦比率

	コスト・ドライバー	A工事	B工事	計
機械利用費	機械運転時間	800時間	600時間	1,400時間
メンテナンス費	メンテナンス回数	4回	6回	10回
段取費	段取回数	3回	3回	6回
運搬費	回数×距離	300	600	900

5．A工事・B工事の工事収益と工事直接費

	A工事	B工事
工事収益	2,900,000円	2,000,000円
工事直接費	1,455,000	1,080,000
内　訳：材料費	780,000	605,000
労務費	450,000	300,000
外注費	225,000	175,000

第５章　工事原価の部門別計算

問題 17　工事原価

解答…P.67 理論 計算

次の文章の［　　］の中に、以下の用語群の中から適切なものを選び、その記号を解答欄に記入しなさい。

1．［　①　］とは、工事原価の計算を正確にするために、［　②　］を分類するための計算組織上の区分であるから、必要に応じて組織（部門）として存在しない施工部門といったものを設定することもある。
2．［　③　］において、原価部門を設定する意義は、主として［　④　］の計算をより適切なものにしようとすることであるが、経営遂行上の組織と一致させてこれを設定する場合には、［　⑤　］の原価管理を効率的に進めることにも役立つ。

（用語群）

A　アクティビティ	B　責任区分別	C　未来原価
D　コスト・ドライバー	E　原価部門	F　純資産
G　現場管理部門	H　製造原価	I　原価要素
J　原価計算		

問題 18　部門費の配賦

解答…P.68　理論　計算

次の費目別計算において集計された各費目の金額と部門個別費・部門共通費のデータを参照して部門費配分表を完成しなさい。

1．部門個別費

部門／費目	施工部門		補助部門		
	第1部門	第2部門	動力部門	運搬部門	管理部門
間接材料費	39,740円	22,200円	4,760円	2,780円	−円
間接労務費	97,740円	78,690円	3,040円	5,790円	450円

2．部門共通費

建物関係費	99,000円	支払電力料	177,150円
福利厚生費	97,800円	支払運賃	50,000円

3．共通費配賦基準

部門／基準	施工部門		補助部門			合計
	第1部門	第2部門	動力部門	運搬部門	管理部門	
従業員数	20人	30人	3人	5人	2人	60人
占有面積	86㎡	180㎡	33㎡	12㎡	19㎡	330㎡
電灯数	15個	19個	11個	−	5個	50個
運搬回数	8個	13個	2個	1個	1個	25個

問題 19　相互配賦法（連立方程式法）

解答…P.69　理論　計算

次の資料により、相互配賦法（連立方程式法）によって補助部門費の配賦を行いなさい。

（資　料）

1．部門費（単位：円）

施工部門		補助部門		
第1部門	第2部門	動力部門	修繕部門	事務部門
48,750	36,000	22,800	21,864	40,500

2．補助部門の用役提供割合

	施工部門		補助部門		
	第1部門	第2部門	動力部門	修繕部門	事務部門
動力部門	50%	30%	−	20%	−
修繕部門	40%	30%	20%	−	10%
事務部門	40%	40%	10%	10%	−

問題 20 補助部門費の配賦

解答…P.71 理論 計算

当社の保全部（補助部門）は、第1施工部と第2施工部に対して保全（メンテナンス）サービスを提供している。そこで公式法変動予算を前提とし、下記資料にもとづき各問に答えなさい。

（資　料）

1．保全部の保全サービス提供量（単位：時間）

	第1施工部	第2施工部	合　計
(1) 月間消費能力	390	390	780
(2) 当月の予定提供量	338	312	650
(3) 当月の実際提供量	338	260	598

2．保全部月次変動予算および当月実績

	月次変動予算	当月実績
保全サービス月間提供量	650時間	598時間
保全部費		
変動費	273,000円	269,100円
固定費	195,000	203,320
合　計	468,000円	472,420円

〔問1〕

保全部費の実際発生額を単一基準配賦法で配賦した場合、第1施工部と第2施工部に対する配賦額を求めなさい。なお、施工部門では補助部門費配賦額を、変動費として取り扱うものとする（問3も同様とする）。

〔問2〕

保全部費の実際発生額を複数基準配賦法で配賦した場合、第1施工部と第2施工部に対する配賦額を求めなさい。

〔問3〕

保全部費の正常配賦額を単一基準配賦法で配賦した場合、第1施工部と第2施工部に対する配賦額を計算するとともに、保全部費の配賦差異を求めなさい。

〔問4〕

保全部費の予算許容額を複数基準配賦法で配賦した場合、第1施工部と第2施工部に対する配賦額を計算するとともに、保全部費の配賦差異を求めなさい。また、保全部の勘定記入を行いなさい。

問題21　工事原価の計算

解答…P.74　理論 計算

当社は、仮設部門と機械部門という工種別に部門化された２つの施工部門と、各部門にサービスを供給する補助部門を１つ有している。したがって、工事原価の集計にあたっては、補助部門費を施工部門に配賦した後に両施工部門から各工事に配賦計算が行われる。

このとき、各施工部門から各工事への部門費の配賦に関しての勘定記入を次の条件にあてはめた形で答えなさい。なお、勘定の中の（　　）のうち金額を記入しないものについては（ － ）としなさい。

(1) 補助部門個別費を各施工部門に実際配賦し、各施工部門費を各工事に実際配賦するケース

(2) 補助部門個別費を各施工部門に実際配賦し、各施工部門費を各工事に予定配賦するケース

(3) 補助部門個別費を各施工部門に予定配賦し、各施工部門費を各工事に予定配賦するケース

（資　料）

１．施工部門及び補助部門における個別費

仮設部門………114,000円

機械部門………228,000円

補助部門………132,000円

２．A工事、B工事それぞれの仮設部門、機械部門の用役消費時間は以下のとおり。

	仮設部門費（直接作業時間）	機械部門費（機械稼働時間）
A　工　事	250時間	400時間
B　工　事	150時間	400時間
合　　計	400時間	800時間
予定配賦率	@480円/時間	@360円/時間

３．仮設部門、機械部門それぞれの補助部門用役消費量

仮設部門………300時間

機械部門………200時間

なお、補助部門費予定配賦率は、@270円/時間である。

問題22　配賦差額の分析

解答…P.76　理論　計算

当社は、仮設部門については、予定配賦率を用いて各工事に配賦している。そして、この配賦額と実際発生額の差額を工事間接費配賦差異として認識している。

予定配賦率算定のデータ

配賦基準	……就業時間
仮設部門作業者数	……40人
勤務日数	……年間240日（20日／月）
作業員１人あたり勤務時間	……８時間
作業員１人あたり昼食等による休憩時間	……１時間
作業員１人あたり手待時間	……0.25時間
作業員１人あたり補助的作業時間	……0.25時間
作業員１人あたり加工作業前の準備および加工途中の調整時間	……0.5時間
作業員１人あたり加工作業時間	……６時間
仮設部門費月間予算額	……8,400,000円

当月実際データ

当月実際就業時間	……5,450時間
当月実際仮設部門費発生額	……8,300,000円

⑴　固定予算によって配賦差額を認識した場合、予算差異および操業度差異の金額を求めなさい。

　次に予算額について固変分解を行ったところ、

　変動費……5,040,000円

　固定費……3,360,000円

であることが判明した。

⑵　変動予算によって配賦差額を認識した場合、予算差異および操業度差異の金額を求めなさい。

　なお、解答にあたっては、有利差異については「Ａ」、不利差異については「Ｂ」を用いること。

第６章　機材等使用率の決定

問題23　社内センター制度

解答…P.78　理論　計算

Ｘ社は、社内センター制度として、施工部門に補助的サービスを提供する部門の一つである機械部門に、機種別のＡ、Ｂ、Ｃのマシンセンターを設定している。

次の資料により以下の各問に答えなさい。

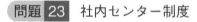

（資料１）月間機械部門関係予算額（単位：円）

１．個別費

	A機種センター	B機種センター	C機種センター	合　計
減価償却費	420,800	393,500	511,300	1,325,600
修繕費	42,000	58,000	23,450	123,450
燃料費	215,400	150,400	71,840	437,640
給料手当	687,300	345,860	355,050	1,388,210

２．共通費

	金　額	配賦基準
消耗品費	105,400	従業員数
福利厚生費	555,500	従業員数
賞与引当金	762,300	従業員数
租税公課	211,300	機械簿価
家賃	300,000	使用面積
雑費	72,600	予定運転時間

３．センター別の配賦基準および予定運転時間

	A機種センター	B機種センター	C機種センター	合　計
機械重量	9 t	10 t	11 t	30 t
機械簿価	3,000千円	3,000千円	1,500千円	7,500千円
従業員数	25人	10人	15人	50人
使用面積	60㎡	100㎡	140㎡	300㎡
予定運転時間	430時間	380時間	290時間	1,100時間

（資料２）各工事現場の当月実績データ

配賦額の計算にあたっては、機械運転時間あたり使用率を用いること。

	A機種センター	B機種センター	C機種センター
201工事	182時間	130時間	80時間
202工事	111	83	103
203工事	157	147	82
合　計	450時間	360時間	265時間

〔問１〕

機械部門機種別予算表を作成しなさい。計算上円位未満の端数は四捨五入とする。ただし、使用率の計算については、円位未満の端数は切捨てとする。

〔問２〕

各工事現場への配賦額を求めなさい。

問題24 社内センター制度

解答…P.80 理論 計算

株式会社北海建設は、機械や資材等の運搬コストについて、そのコスト・コントロールを重視し、保有する車両A、B、Cをコスト・センター化し、車両走行1kmあたり使用率（車両費率）を算定し、各工事現場に配賦する方法を採用した。下記の資料を参照して、(1)車両費率算定表を作成し、(2)当月の25号工事の車両費配賦額を計算しなさい。また、計算の過程において端数が生じた場合は、原則として円位未満を四捨五入して解答すること。ただし、配賦費率の計算過程および解答としての車両費率は小数点第3位を四捨五入して第2位までの数値を使用すること。

（資　料）

1．車両部門関係データ

	車両A	車両B	車両C
車両重量	5 t	4 t	9 t
関係人員	6人	3人	11人
予定走行距離	8,700km	5,320km	14,600km

2．車両費算定データ

① 個別費　解答用紙参照

② 共通費

	金　額	配賦基準
油脂関係費	114,480円	予定走行距離
消耗品費	108,000円	車両重量
福利厚生費	120,000円	関係人員
雑　　費	144,000円	減価償却費

3．当月工事別車両使用実績データ

	車両A	車両B	車両C
25号工事	32km	20km	180km

問題25 社内センター制度

解答…P.82 理論 計算

甲社は、中心的な車両A、B、Cをコストセンター化し、車両走行1kmあたり使用率（車両費率と呼ぶ）を定め、各工事現場に配賦する方法を採用している。

次の資料を参照して、各問に答えなさい。

（資料1）車両部門月次予算額（単位：円）

1．個別費

	車両A	車両B	車両C
減価償却費		各自推定	
修繕費		各自推定	
燃料費		各自推定	
租税公課	40,000	40,000	40,000
賃借料	30,000	30,000	30,000
通行料	30,000	31,000	30,000

2．共通費

	金額	配賦基準	車両A	車両B	車両C
油脂関係費	310,000	予定走行距離	6,000	4,500	5,000
消耗品費	264,000	取得原価	(?)	(?)	(?)
福利厚生費	120,000	従業員数	12人	8人	10人
雑費	69,000	従業員数	12人	8人	10人

3．その他

車両A：取得原価　3,200千円　償却費率　90%　耐用年数4年　定額法

車両B：取得原価　3,600千円　償却費率　90%　耐用年数5年　定額法

車両C：取得原価　2,000千円　償却費率　90%　耐用年数3年　定額法

(1) 修繕費はそれぞれの取得原価の8%とする。

(2) 燃料費は、1リットルあたり100円で、1リットルあたりの走行距離は
車両A：8km　車両B：12km　車両C：10kmである。

（資料2）各工事ごとの予定走行距離と実際走行距離

		150工事	151工事	152工事	合計
予定	車両A	2,000km	2,000km	2,000km	6,000km
	車両B	1,500km	1,850km	1,150km	4,500km
	車両C	1,900km	1,650km	1,450km	5,000km
実際	車両A	2,020km	1,900km	1,980km	5,900km
	車両B	1,550km	1,900km	1,350km	4,800km
	車両C	1,975km	1,650km	1,525km	5,150km

〔問１〕

各車両費率算出のための「車両部門・車両別予算表」を作成しなさい。ただし、使用率の計算にあたって、小数点第３位以下は四捨五入すること。

〔問２〕

車両部門配賦額を計算しなさい。なおその際は、(A)予定データにもとづく配賦額と(B)実績データにもとづく配賦額とを区別して計算すること。ただし、各工事現場においてセンターごとの配賦額については、円位未満を四捨五入した金額で計算すること。

問題 26　社内損料計算制度

解答…P.84 理論 計算

乙建設㈱は、建設工事用の足場を以下の現場で使っている。この原価計算については、社内損料計算制度を用いているが、以下の資料により、供用１日あたり損料、各工事現場配賦額、当月の損料差異を求めなさい。

なお、損料差異については、（　　　）の中に有利、不利を明記すること。

（資　料）

１．取　得　原　価　　1,800,000円
２．耐　用　年　数　　10年
３．償　却　費　率　　100％
４．年 間 修 繕 費 率　　19％
５．年間管理費予算額　　120,000円
６．年間標準供用日数　　200日
７．当月の実績データ

	No.255現場	No.256現場
使用実績	８日	10日

修繕費実際発生額　18,640円
管理費実際発生額　19,980円

問題 27　社内損料計算制度

解答…P.85　理論　計算

丙建設株式会社は、仮設材料ＴＭを以下の現場で使用している。この原価計算については、社内損料計算制度を用いている。以下の資料により、各工事現場配賦額と当月（３月）の損料差異を計算しなさい。なお、損料差異については、不利差異の場合にはA、有利差異の場合にはＢを所定欄に記入し、数字の前にはマイナス記号等を記入しないこと。

（資　料）

1．仮設材料ＴＭ　　取得原価　3,000,000円

2．損料計算に必要な基礎データ

　a．標準使用割合　　　年間供用日数250日

　b．年間維持修繕費　　取得原価に対して年10%

　c．管　理　費　　　　24,500円

　d．減価償却方法は定額法、耐用年数は６年、残存価額は取得原価の10%とする。

3．３月の実績データ

	供用日数
I工事現場	9日
W工事現場	8日

4．関連原価実績額

　維持修繕費　8,518円

　管　理　費　4,065円

問題28　社内損料計算制度

解答…P.86　理論　計算

下記の資料は、大阪建設株式会社のクレーン車Kに関する損料計算および関係実績データである。クレーン車Kの運転1時間あたり損料および供用1日あたり損料と当月（3月）の損料差異を計算しなさい。なお、損料差異については、不利差異の場合にはA、有利差異の場合にはBを所定欄に記入し、数字の前にはマイナス記号等を記入しないこと。

（資　料）

1．クレーン車K取得原価　90,000,000円

2．損料計算に必要な基礎データ

　a．標準使用割合　年間供用日数200日　年間運転時間2,700時間

　b．維持修繕費　予定使用全期間で取得原価の55%

　c．年間管理費　700,000円

　d．減価償却は定額法、耐用年数は8年、残存価額はゼロ

3．3月の実績データ

工事現場別供用日数および運転時間

	供用日数	運転時間
V工事現場	10日	100時間
T工事現場	5日	95時間

4．関連原価実績額

維持修繕費　255,450円

管　理　費　171,210円

問題 29　社内損料計算制度

解答…P.87　理論　計算

北山建設㈱は当期首においてブルドーザを取得した。次の資料に従って、運転１時間あたり損料、供用１日あたり損料および当月の損料差異を求めなさい。なお、損料差異については、不利差異の場合にはA、有利差異の場合にはBを所定欄に記入し、数字の前にはマイナス記号等を記入しないこと。

（資　料）

１．ブルドーザの減価償却計算データ

取得原価：15,000,000円　耐用年数：10年　残存価額：ゼロ

２．年間修繕費予算　750,000円

３．年間管理費予算　550,000円

４．標準使用割合

年間供用日数：250日　年間運転時間：1,500時間

５．当月の実績データ

⑴　現場別供用日数および運転時間

	供用日数	運転時間
№111現場	４日	30時間
№112現場	８日	45時間

⑵　関連原価実績額

修繕費　15,000円

管理費　5,000円

問題30 正誤問題

解答…P.88 理論 計算

以下の文章のうち、正しいものに○をしなさい。なお、誤っているものは×を付し、その理由を説明しなさい。

① 建設工事での機械や仮設材料の特質は、1つの工事が終われば、他の工事にも繰り返し使用されることである。

② 建設工事での機械の減価や、仮設材料の減耗分を把握するため、それぞれの使用率が事前に決定される。

③ 使用率の決定は、社内損料制度による。

④ 長期の請負工事については販売費及び一般管理費を適当な比率で請負工事に配分し、売上原価および期末棚卸高に算入できる。

⑤ 機械損料の変動費としては維持修繕費、固定費としては減価償却費と管理費がある。

⑥ 機械損料の変動費の使用率は「供用1日あたり損料」、固定費の使用率は「運転1時間あたり損料」を用いて計算する。

⑦ 機械の損料を計算する場合、その構成要素を変動費と固定費に区分しなければならない。そして、その区分に応じて使用率を決定するのである。

⑧ 仮設材料の損耗費は、建設業法施工規則別記様式の完成工事原価報告書では、材料費に含めて掲載する。

第7章 工事別原価の計算

問題31 完成工事原価報告書

解答…P.89 理論 計算

以下の完成工事原価報告書に関する文章の中から、正しいものを選びなさい。なお、誤っているものについては、その理由も説明しなさい。

① 材料費とは直接材料費のみをいう。

② 労務費の中には、現場管理者の給料等、一般的労務費は含まない。

③ 外注費のうち、その大部分が労務費のものでも、外注費として計上する。

④ 経費のうち、人件費については、経費欄の下にカッコ書きをする。

⑤ 経費の中には、間接費的な材料費や労務費は含まない。

⑥ 経費の内訳を必要とする人件費に法定福利費は含まれない。

⑦ 経費のうち、人件費としては、従業員給料手当、退職金の2つである。

問題32　費目別分類

解答…P.89　理論　計算

次の文章の[　　　]の中に、下記の用語群の中から適当なものを選び、その記号（ア～ソ）を所定の欄に記入しなさい。なお、同一の用語を２回以上使用してもよい。

(1)　建設業では工事用足場などの仮設材料の損耗額は[　1　]として扱う。

(2)　直接工事に従事する者に支払われる賃金および給料は[　2　]であり、技術や現場事務に携わる者に支払われる賃金は[　3　]となる。

(3)　完成工事原価報告書上、外注費のうち、その大部分が労務費のものは、[　4　]の区分に計上し、労務外注費として、うち書きを示す。

(4)　工事間接費の配賦において、公式法変動予算による正常配賦を行う場合、差異は[　5　]と[　6　]に分けられる。

(5)　実際原価計算は[　7　]であり、実行予算は[　8　]である。

（用語群）

ア	形態別原価計算	イ	事後原価計算	ウ	総合原価計算	エ	操業度差異
オ	個別原価計算	カ	能率差異	キ	事前原価計算	ク	外注費
ケ	労務費	コ	材料費	サ	予算差異	シ	一般管理費
ス	経費	セ	純工事費	ソ	負担能力		

問題33　工事別原価の計算

解答…P.90　理論　計算

下記の資料は、横浜建設㈱（会計期間は、×1年４月１日～×2年３月31日）における×1年10月次の原価計算関係資料である。次の各問に答えなさい。なお、当月は前月より継続中のNo.501工事と当月開始したNo.502工事、No.503工事およびNo.504工事を実施した。No.501工事、No.502工事およびNo.503工事は、当月中に完成し引き渡したが、No.504工事は月末現在未完了である。

〔問１〕

「工事原価計算表」を完成させなさい。

〔問２〕

当社では、建設省令に定める「完成工事原価報告書」を月次原価報告書として毎月作成している。同報告書を完成させなさい。

〔問３〕

労務費の賃率差異を計算し、有利差異については「A」、不利差異については「B」を付記しなさい。

〔問４〕

工事間接費に関して予定配賦差異を算出し、これを予算差異および操業度差異に細分しなさい。なお、当社は変動予算法を採用している。

（資　料）

1．月初未成工事原価　　　824,700円

内訳：材料費　229,500円
労務費　160,800円
外注費　225,000円
経　費　209,400円（人件費158,400円を含む）

2．当月の材料費に関する資料

⑴　甲材料は引当材料で、当月の購入額は次のとおり。

工事番号	No.501	No.502	No.503	No.504
引当購入額（円）	495,000	933,000	980,700	502,830

ただし、上記の購入額のうち、No.501用の甲材料について37,830円の残材が発生した。これは、今後の他の工事に利用する予定であり、現在、在庫している状態にある。

⑵　乙材料は常備材料で、消費価格については予定価格法を採用している。予定価格は1kgあたり14,400円で、当月の工事別消費量は次のとおり。

工事番号	No.501	No.502	No.503	No.504
消　費　量（kg）	77	143	153	70

3．当月の労務費に関する資料

工事作業員（工事現場総括管理者の分は含まず）

①　10月分（9/26～10/25）の賃金支払額　　6,639,000円

②　10月原価計算期間（10/1～10/31）の作業時間　　1,850時間

③　そのうち（10/26～10/31）の作業時間

A作業…… 120時間、B作業……200時間

④　9月未払賃金額　　1,097,550円

⑤　予定平均賃率

A作業……3,300円/時間、B作業……3,750円/時間

A作業、B作業に関する10月原価計算期間（10/1～10/31）におけるそれぞれの作業時間は次のとおりであった（単位：時間）。

	No.501	No.502	No.503	No.504
A作業	125	180	210	175
B作業	300	320	380	160

4．当月の外注費に関する資料

C作業に関する外注費は解答用紙に記載したとおりである。

5．当月の経費に関する資料

⑴ 直接経費の内訳（単位：円）

工事番号	№501	№502	№503	№504
動力用水光熱費	47,160	109,410	125,580	39,300
従業員給料手当	70,200	205,170	268,140	36,000
法定福利費	9,840	13,860	22,260	19,800
福利厚生費	5,040	33,600	17,160	27,000
通信交通費他	15,960	64,680	99,450	36,750

なお、人件費の算定にあたって、退職金および同引当金繰入額は考慮しなくてよい。

⑵ 管理部長のＮ氏および同副部長のＯ氏は、各工事現場の総括管理者であるとともに、新規工事の経営活動も行っている。Ｎ氏およびＯ氏の当月人件費合計額と実際作業合計時間は次のとおりであった。

人　件　費　　7,076,250円
作 業 時 間　　延べ411時間
　うち工事現場監督　　274時間
　　　営　業　　137時間

⑶ 工事間接費（Ｂ作業仕上部門費）に関するデータ

① 工事間接費正常配賦率算定データ

年間工事間接費予算額

変動費　　900円/時間
固定費　　15,120,000円
Ｂ作業年間正常直接作業時間　　14,400時間

② 当月の工事間接費実際発生額　　2,337,000円

⑷ 本社・現場共通職員人件費のうち工事負担部分については、直接作業時間法を採用して各工事に配賦する。

問題34 工事別原価の計算

解答…P.94 理論 計算

下記の資料は、盛岡建設㈱（会計期間は、×1年4月1日～×2年3月31日）における×1年5月次の原価計算関連資料である。次の各問に答えなさい。なお、当月は、前月より継続中のNo.601工事と当月より開始したNo.602工事、No.603工事およびNo.604工事を実施した。また、No.601工事、No.602工事およびNo.603工事については当月中に完成し引き渡したが、No.604工事は月末現在未完了である。なお、計算の過程で端数が生じた場合は、すべて円位未満を四捨五入すること。

〔問1〕

「工事原価計算表」を完成しなさい。

〔問2〕

建設省令に定める「完成工事原価報告書」にもとづいて月次原価報告書を毎月作成している場合、当月の同報告書を作成しなさい。

〔問3〕

標準管理データを与えられているB材料について、当月の総消費価格差異およびNo.602工事とNo.603工事のそれぞれの消費量差異を求めなさい。なお、それらの差異については、不利差異については「A」、有利差異については「B」を所定の解答欄に記号で記入すること。

〔資　料〕

1．月初未成工事原価1,872,400円の内訳（単位：円）

摘　　要	材料費	労務費	外注費	経　費	合　計
No.601	482,000	394,800	448,000	547,600	1,872,400

材料費は、仮設材料費評価額を含んでいる。

外注費は、X作業費、Y作業費それぞれ275,200円、172,800円である。

経費には人件費相当分58,000円が含まれている。

2．当月の材料費に関する資料

(1)　A材料は引当材料で、当月の購入額は次のとおりである（単位：円）。

工事番号	No.601	No.602	No.603	No.604
引当購入額	1,540,000	2,940,000	2,772,000	1,148,000

なお、A材料に関して当月は、864,000円の副費が発生したが、これは購入額にもとづいて各工事に配賦する。

(2)　B材料は常備材料で、消費価格については予定価格法を採用している。予定価格は、1kgあたり7,560円で、当月の工事別実際消費量は以下のとおりである。

工事番号	No.601	No.602	No.603	No.604
消　費　量（kg）	100	170	160	80

Ｂ材料の当月実際消費単価は、@7,580円であった。

(3)　Ｂ材料は使用量に関して標準管理を行っており、毎月、工事別の標準消費量を計算している。Ｂ材料の消費を終了しているNo.602工事とNo.603工事の工事規模係数は、それぞれ8.0と8.1である。このとき、工事規模係数あたり標準消費量は20kgである。

(4)　仮設材料の処理は、すくい出し方式を採用している。当月の工事別仮設材料投入額と仮設工事終了時評価額は以下のとおりである。

工事番号	No.601	No.602	No.603	No.604
投　入　額（円）	前月投入済	864,000	748,000	272,000
評　価　額（円）	21,000	290,400	139,600	工事未完了

３．当月の労務費に関する資料

当社では、専門作業であるＰ作業について熟練作業員と非熟練作業員とに分けた形で労務費計算を行っており、その計算にあたっては、予定賃率をそれぞれに対して適用している。工事別作業時間および予定賃率は次のとおりである。

工事番号	No.601	No.602	No.603	No.604	予定賃率
熟練作業員	80時間	210時間	160時間	100時間	@7,840円
非熟練作業員	110時間	190時間	166時間	95時間	@6,160円

４．当月の外注費に関する資料

当月の工事外注費発生額は、「工事別原価計算表」に記載のとおりである。

なお、Ｙ作業はそのほとんどが労務の外注であることから、「完成工事原価報告書」上は、労務費に含めることとする。

５．当月の経費に関する資料

(1)　直接発生経費

（単位：円）

工事番号	No.601	No.602	No.603	No.604
保　険　料	51,840	113,600	102,400	79,360
従業員給料	173,160	312,040	276,200	94,600
法定福利費	48,800	119,440	108,120	28,040
福利厚生費	43,600	106,160	97,200	27,840
通　信　費	90,600	184,360	156,880	109,760

(2) 機械部門費の配賦

機械部門費については、固定費と変動費を区別して実際発生額を別々の配賦率によって各工事に配賦している。

イ．配賦基準　固定費……機械供用日数
　　　　　　　変動費……機械稼働時間

ロ．当月機械使用データ

工事番号	No.601	No.602	No.603	No.604
供用日数(日)	4	8	6	3
実際稼働時間(時間)	30	60	45	20

ハ．当月実際発生額　固定費……3,864,000円
　　　　　　　　　　変動費……5,356,800円

(3) 車両部門費の配賦

車両部門費については、年度当初に車両別の予定配賦率（走行距離1kmあたり）を決定し、これを月次の配賦に使用している。以下の資料にもとづいて配賦率を計算し、当月の配賦額を記入すること。

① 車両部門費の配賦に関する資料

イ．車両部門予定表（単位：円）

摘要	予算額	配賦基準	車両S	車両T
個別費	21,243,600	なし	9,118,440	12,125,160
共通費				
消耗品費	18,176,400	車両の重量	?	?
燃料費	9,720,000	予定走行距離	?	?
雑費	5,486,400	指定按分率	?	?

ロ．車両共通費の配賦に関する資料

摘要	配賦基準	車両S	車両T
消耗品費	車両の重量（t）	6.0	7.5
燃料費	予定走行距離（km）	5,700	6,300
雑費	指定按分率（%）	40	60

ハ．当月の車両別・工事別車両実績は次のとおり。

工事番号	No.601	No.602	No.603	No.604
車両S（km）	110	170	140	100
車両T（km）	80	180	120	100

② 車両部門費はすべて原価計算上経費として処理することとする。

問題35　工事別原価の計算　解答…P.98　理論 計算

下記の資料は、埼玉建設株式会社（会計期間は、×1年4月1日～×2年3月31日）における×1年6月次の原価計算関連資料である。次の各問に解答しなさい。なお、当月は、前月より継続中のNo.701工事と当月より開始したNo.702工事、No.703工事およびNo.704工事を実施した。また、No.701工事、No.702工事およびNo.704工事は当月中に完成し引き渡したが、No.703工事は月末現在未完了である。なお、計算の過程で端数が生じた場合には、すべて円位未満で四捨五入すること。

〔問1〕

「工事原価計算表」を完成しなさい。

〔問2〕

当社では、建設省令に定める「完成工事原価報告書」を月次原価報告書として毎月作成している。当月の同報告書を作成しなさい。

〔問3〕

労務費の賃率差異を計算しなさい。なお、原価差異については、有利差異については「A」、不利差異については「B」を付記しなさい（以下同様）。

〔問4〕

仕上部門費配賦差異を計算し、これを予算差異と操業度差異に分析しなさい。

（資　料）

1．月初未成工事原価258,640円の内訳（単位：円）

摘　　要	材料費	労務費	外注費	経　費	合　計
No.701	61,200	69,360	64,960	63,120	258,640

材料費は、仮設材料費評価額が含まれている。

外注費の内訳は、A工事費21,760円、B工事費43,200円である。

経費には人件費相当分8,720円が含まれている。

2．当月の材料費に関する資料

(1)　甲材料は引当材料で、当月の購入額は次のとおりである。

工事番号	No.701	No.702	No.703	No.704
引当購入額(円)	168,000	262,400	118,400	281,600

なお、引当材料については、購入代価の5％の材料副費を予定配賦している。

(2)　乙材料は常備材料で、消費価格については予定価格を採用している。予定価格は、1kgあたり1,160円で、当月の工事別実際消費量は次のとおり。

工事番号	No.701	No.702	No.703	No.704
消　費　量(kg)	120	250	150	280

なお、乙材料の当月実際消費単価は、@1,180円であった。

(3) 仮設材料費の処理はすくい出し方式を採用している。当月中の工事別仮設材料投入額および仮設工事終了時評価額は次のとおり。

工事番号	No.701	No.702	No.703	No.704
仮設材料投入額（円）	前月投入済	76,800	15,200	71,200
仮設材料評価額（円）	16,800	24,000	未完了	21,600

No.701工事の仮設工事は前月中に開始されており、その投入額は月初未成工事原価の材料費欄に記入されている。原価計算表では、その評価額を月初未成工事からマイナスして表示する。

3．当月の労務費に関する資料

当社は、専門工事であるX作業について常雇作業員を直接雇用しているが、作業員の熟練の程度に応じた2種類の予定平均賃率を用いている。

工事番号	No.701	No.702	No.703	No.704
熟練作業員作業時間	245	515	160	430
非熟練作業員作業時間	250	380	120	510

なお、熟練工予定平均賃率は、960円/時間、非熟練工予定平均賃率は、720円/時間を使用している。当月実際支払高は、2,202,480円である。

実際支払高と予定高との差額は、各常雇作業員を熟練作業員と非熟練作業員に分け、異なる賃率を適用したことが原因であり、労務費差異勘定で処理している。

4．当月の外注費に関する資料

当社では、A工事とB工事を外注している。その当月の工事別の発生額は、解答用紙に示すとおりである。なお、A工事は、そのほとんどが労務の外注であるため、「完成工事原価報告書」では、労務費に含めることにしている。

5．当月の経費に関する資料

(1) 直接発生経費（単位：円）

工事番号	No.701	No.702	No.703	No.704
水道光熱費	4,160	25,600	3,840	28,400
従業員給料手当	23,200	60,800	19,040	61,600
法定福利費	1,600	2,080	1,520	2,400
福利厚生費	2,800	2,880	3,360	5,280
保険料等	4,880	34,160	6,080	31,520

(2) 工事間接費

工事間接費は、仕上部門とその他工事間接費に分けて把握している。

仕上部門については予定配賦率を用いて各工事に配賦している。当社は、変動予算法を採用しており、その関係資料は以下のとおりである。

① 月初において設定した予定配賦率の算定データ

固定費予算	月額	403,200円
変動費率	直接作業1時間あたり	112円
基準作業時間	（X工事作業時間）	2,800時間

② 当月の仕上部門費実際発生額　701,520円

その他工事間接費は、212,000円である。部門共通費の配賦割合は次のとおりである。

工事番号	No.701	No.702	No.703	No.704
配賦割合	15%	35%	5%	45%

第8章　工事契約会計における原価計算

問題36　工事進行基準と工事完成基準

解答…P.101 理論 計算

工事契約に係る収益を認識する方法として工事進行基準と工事完成基準のいずれかを適用することによって、原価計算制度にいかなる影響が生ずるか述べなさい。(200字以内)

問題37　会計基準における工事契約

解答…P.102 理論 計算

収益認識に関する会計基準において工事契約について次の各文章は正しいか否か答えなさい。正しい場合は「A」、正しくない場合は「B」を解答用紙の所定の欄に記入しなさい。

1.「工事契約」とは、仕事の完成に対して対価が支払われる請負契約のうち、土木、建築に関するものだけをいう。
2．一定の期間にわたり充足される履行義務については、履行義務の充足に係る進捗度を見積ることなく、履行義務を果たした際にすべての収益を認識する。
3．履行義務の充足に係る進捗度を合理的に見積ることができる場合にのみ、一定の期間にわたり充足される履行義務について収益を認識する。

問題38　工事完成基準と工事進行基準

解答…P.102　理論　計算

次の資料にもとづいて、A工事とB工事の各工事について、収益の認識基準に(1)工事完成基準を採用している場合と、(2)工事進行基準を採用している場合で、それぞれ当期に計上すべき収益の総額（完成工事高）を計算しなさい。

（資　料）

1．各工事の請負金額

　A工事：34,440,000円　　B工事：26,530,000円

2．各工事の実行予算

　A工事：24,969,000円　　B工事：21,224,000円

3．着工から前期末までに発生した工事原価

　A工事：18,726,750円　　B工事：　7,428,400円

4．当期の発生工事原価

　A工事：　6,242,250円　　B工事：　9,550,800円

5．その他

(1)　各工事の契約金額および実行予算については、当初設定したものから変更はない。

(2)　当期において、A工事は完了しているが、B工事は未了である。

(3)　工事進行基準を採用する場合の工事進捗度の計算は、原価比例法による。

第9章　建設業と総合原価計算

問題39　単純総合原価計算

解答…P.103　理論　計算

次の資料にもとづき、(1)平均法、(2)先入先出法により、それぞれ月末仕掛品原価、完成品原価、完成品単位原価を求めなさい。ただし、計算途中の端数は円位未満四捨五入、単位原価は円位未満第3位を四捨五入すること。

（資　料）

1．生産データ

月初仕掛品	2,000個	(0.2)
当 月 投 入	8,000	
合　計	10,000個	
月末仕掛品	1,000	(0.5)
完　成　品	9,000個	

2．原価データ

	直接材料費	加　工　費
月初仕掛品	875,000円	680,000円
当 月 投 入	2,645,000円	4,070,000円

なお、材料はすべて工程の始点で投入している。また、(　　) 内の数値は加工進捗度である。

問題40 個別原価計算と総合原価計算

解答…P.105 理論 計算

仙台建設㈱は、当月より完成品原価の計算を個別原価計算から総合原価計算に変更しようとしている。

そこで、次の資料を参考にして①総合原価計算を実施した場合の、また、②個別原価計算を実施した場合の完成品原価および月末仕掛品原価を求めなさい。なお、月初仕掛品はなかったものとする。

（資　料）

1．各指図書の生産データ

工事番号	受注量	当月投入量	完成量	月末仕掛品	原料費進捗率	作業費進捗率
No.451	700kg	700kg	700kg	0kg	－	－
No.452	1,000kg	1,000kg	1,000kg	0kg	－	－
No.453	900kg	900kg	600kg	300kg	1.0	0.4
No.454	800kg	800kg	600kg	200kg	1.0	0.2

2．原料費、作業費の内訳

原料費：8,358,900円

作業費：8,754,048円

問題41 個別原価計算と総合原価計算

解答…P.107 理論 計算

上野製作所㈱は従来製造原価の計算にあたって「個別原価計算」を採用していたが、次期からはこれを「総合原価計算」に変更することになった。

当期末仕掛品および完成品に関するデータが以下のように与えられるとき、次期の変更に際して必要となる会計処理を行った後の各勘定の前期繰越高を答えなさい。

（資　料）

1．各勘定の当期末残高

仕掛品　2,720,160円　　　製　品　940,500円

2．各製造指図書の生産データ

指図書No.	受注数量	製造開始数量	うち完成数量
No.45	570	570	570
No.46	750	750	645
No.47	525	450	360
No.48	450	225	75

3．当期末仕掛品評価額

No.46　83,160円　No.47　81,000円　No.48　120,000円

問題 42 工程別総合原価計算（累加法） 解答…P.107 理論 計算

単一種類の製品（建設資材等）を量産しているある工場では、累加法による工程別総合原価計算の方法によって製品の原価を計算している。次の資料により、以下の各問に答えなさい。

（資　料）

1．期首仕掛品

項　　目	第１工程	第２工程	第３工程
仕掛品数量	480個（40％）	240個（20％）	600個（80％）
仕掛品原価			
前工程費	−	138,000円	494,160円
原料費	117,600円	−	−
加工費	55,200円	13,296円	113,640円

（注）カッコ内は、加工進捗度を表す。

2．当月投入原料と加工費

項　　目	第１工程	第２工程	第３工程
数　　量	5,160個	−	−
原　　価			
原料費	1,382,640円	−	−
加工費	1,672,800円	1,191,552円	1,090,224円

（注）原料は第１工程の始点においてのみ投入し、次工程以降の投入はない。

3．期末仕掛品数量、完成品数量

項　　目	第１工程	第２工程	第３工程
期末仕掛品	600個（60％）	480個（80％）	240個（60％）
完成品	5,040個	4,800個	5,160個

（注１）カッコ内は、加工進捗度を表す。

（注２）完成品は、すべて次工程に振り替えられている。

4．振替品の予定価格

第１工程　550円　　　第２工程　820円

〔問１〕

期末仕掛品の評価法を平均法として、第１工程の原価計算表を作成しなさい。なお、振替差異は（　　　）の中に有利、不利を記入して、明示すること。

〔問２〕

期末仕掛品の評価法を先入先出法として、第２工程の原価計算表を作成しなさい。なお、振替差異は（　　　）の中に有利、不利を記入して、明示すること。

〔問３〕

期末仕掛品の評価法を先入先出法として、第３工程の原価計算表を作成しなさい。なお、単位原価の計算は小数点以下第３位を四捨五入すること。

問題 43 組別総合原価計算

解答…P.109 理論 計算

次の資料にもとづき、A組製品とB組製品の(1)月末仕掛品原価、(2)完成品原価、(3)完成品単位原価を計算しなさい。なお、組間接費の配賦は直接作業時間を基準に行う。また、A組製品は先入先出法、B組製品は平均法を用いること。

（資　料）

(1)　生産データ

	A組製品		B組製品	
月初仕掛品	1,200 個	(75%)	800 個	(50%)
当月投入	9,600		7,200	
合　計	10,800 個		8,000 個	
月末仕掛品	2,800	(50%)	2,000	(80%)
完成品	8,000 個		6,000 個	
直接作業時間	1,000 時間		720 時間	

（注１）直接材料はすべて工程の始点で投入される。

（注２）（　　）内は、加工進捗度を示す。

(2)　製造原価データ

		A組製品	B組製品
月初仕掛品：	直接材料費	14,400円	7,700円
	加工費	21,000円	6,400円
当月投入：	直接材料費	105,600円	72,300円
	加工費	78,000円	30,800円
	組間接費	129,000円	

問題 44 等級別総合原価計算

解答…P.110 理論 計算

次の資料によって、完成品原価と期末仕掛品原価を、等級別総合原価計算によって行いなさい。

（資　料）

1．期首仕掛品数量　　450個（80%）　原価：17,145千円

2．当期投入数量　　31,725個

　　原　価　　材料費：475,875千円

　　　　　　　加工費：253,080千円

3．完成品数量　　31,875個

　　内　訳　　A：11,850個

　　　　　　　B：　4,275個

　　　　　　　C：15,750個

4．期末仕掛品数量　　300個（40%）

5．等価係数　製品の重量により、次のように決定される。

　　A：1.0

　　B：0.8

　　C：0.5

6．材料費はすべて工程の始点で投入される。カッコ内の数値は加工進捗度を表す。

7．完成品原価の按分に等価係数を適用する計算法とする。

8．円位未満の端数は、四捨五入すること。

問題 45 等級別総合原価計算

解答…P.112 理論 計算

中野建設㈱は単一工程により等級製品を量産している。以下の資料にもとづいて各問に答えなさい。

（資　料）

1．生産に関する資料

	A級品		B級品	
月初仕掛品	360 kg	(3/5)	900 kg	(2/5)
当 月 投 入	4,320		7,200	
合　計	4,680		8,100	
月末仕掛品	1,080	(2/3)	1,800	(1/2)
完成品	3,600 kg		6,300 kg	

（注1）原料はA級品、B級品とも始点投入である。

（注2）カッコ内の数値は加工進捗度である。

2．原価に関する資料

⑴　月初仕掛品

	A級品	B級品
原料費	958,050円	1,696,950円
加工費	626,400円	522,720円

⑵　当月製造費用

原料費　37,800,000円

加工費　25,444,800円

3．その他

⑴　等価係数

	A級品		B級品
原料費	1	:	0.8
加工費	1	:	0.6

⑵　月末仕掛品の評価は平均法による。

なお、計算上生じる円位未満の端数は四捨五入し、完成品単位原価については小数点以下第3位を四捨五入すること。

〔問1〕

単純総合原価計算に近い方法で、各等級製品の完成品原価、完成品単位原価、月末仕掛品原価を計算しなさい。ただし、月末仕掛品にも等価係数を加味して計算すること。

〔問2〕

組別総合原価計算に近い方法で、各等級製品の完成品原価、完成品単位原価、月末仕掛品原価を計算しなさい。

問題46　等級別総合原価計算

解答…P.114　理論　計算

性質の類似する甲・乙の2種類の製品を製造販売する㈱大宮工業では、製造原価の計算方法として等級別原価計算を採用している。次の資料にもとづいて、当月に関する原価計算表を完成しなさい。

〔資　料〕

1．各製品の等価係数

	甲製品	乙製品
材料費	1	0.75
加工費	1	0.5

2．生産量データ

（単位：個）

	甲製品	乙製品
月初仕掛品	144（50%）	180（70%）
当月着手品	846	888
計	990	1,068
月末仕掛品	96（25%）	132（50%）
当月完成品	894	936

（　）は加工進捗度を示す。

3．原価データ

（単位：円）

	材料費		加工費	
	甲製品	乙製品	甲製品	乙製品
月初仕掛品原価	203,850	187,740	50,526	43,908
当月製造費用	2,192,400		884,676	

4．材料は全量が始点で投入され、加工費は加工進捗度に応じて発生する。

5．完成品と月末仕掛品への原価の配分は、平均法によること。

問題 47 連産品の原価計算

解答…P.116 理論 計算

当社では、連産品A、Bの2製品を製造し、A製品についてはさらに加工した後、売却している。

次の資料にもとづき各製品の製造原価および単位原価を計算しなさい。なお、単位原価の計算にあたって端数が生じた場合には、円位未満を四捨五入すること。

（資　料）

1．生産量データ

A製品　370kg　　B製品　440kg

2．製造原価データ

(1)　結合原価　234,240円（材料費　200,000円　加工費　34,240円）

(2)　A製品の追加加工費　1kgあたり　35円

(3)　販売価格（正常市価）

A製品　555円　B製品　450円

(4)　結合原価の配分にあたっては正常市価を基準とすること。

問題 48 連産品の原価計算

解答…P.117 理論 計算

盛岡工業㈱は、連産品A、B、Cの３製品を生産し、さらにこれらをそれぞれ加工のうえ販売している。

次の資料にもとづき、⑴生産量基準に従った場合、⑵正常市価基準に従った場合の連産品A、B、C３製品のそれぞれの売上原価を計算しなさい。

製品名	生産数量（kg）	正常売価（円）（１kgあたり）	各連産品分離後に個別的に要する正常加工費（円）
A	200,000	120	4,000,000
B	60,000	80	800,000
C	100,000	160	1,600,000

ただし、以下の条件に従うこと。

① 一般管理費及び販売費はゼロと仮定する。

② 当工場における連結原価は18,000,000円である。

③ A、B２製品の個別加工費の実際額は、正常額と同額であったが、C製品の個別加工費の実際額は、正常額よりも400,000円少なかった。

④ 生産数量については、全部販売済みである。

問題 49 副産物と作業屑

解答…P.118 理論 計算

東海建設㈱では、単一工程で単一製品を量産しているが、その際、副産物が生じている。次の資料により、⑴主産物の原価、⑵副産物・作業屑の評価額を求めなさい。

（資　料）

1．生産データ

月初仕掛品	250kg（60%）
当月投入	5,000
合　計	5,250
月末仕掛品	500（60%）
作業屑	50
副産物	200
差引：完成品	4,500kg

（注１）原料は工程の始点ですべて投入される。

（注２）仕掛品の（　　）の数値は加工進捗度を示す。

2．原価データ（単位：円）

	材料費	加工費	合　計
月初仕掛品原価	15,000	23,500	38,500
当月製造費用	124,750	242,500	367,250

3．その他のデータ

⑴　月末仕掛品の評価は先入先出法による。

⑵　作業屑は、工程の40％の地点に設けられた検査点にて回収され、その処分価額は1kgあたり20円と見積られた。なお、作業屑は当月作業分から生じたものであり、その価値は、材料費から控除する。

⑶　副産物は、工程終点で分離され、売却可能である。見積売却価額は1kgあたり30円である。

第10章　事前原価計算と予算管理

問題50　事前原価計算

解答…P.119　理論　計算

事前原価計算の種類を、期間対象か、工事対象かで分けて示しなさい。

問題51　工事実行予算の機能

解答…P.119　理論　計算

工事実行予算の機能について200字以内で述べなさい。

第11章　原価管理としての標準原価計算

問題52　標準原価計算

解答…P.120　理論　計算

下記の資料は、町田建設㈱（会計期間は、×3年4月1日～×4年3月31日）における×4年1月次の原価計算関連資料である。次の各問に答えなさい。なお、当月は、前月より継続中のNo.51工事、No.52工事と当月に開始したNo.53工事、No.54工事を実施した。また、No.51工事、No.52工事、No.53工事は当月中に完成し引き渡したが、No.54工事は月末現在未完了である。なお、計算の過程で端数が生じた場合は、すべて円位未満で四捨五入すること。

〔問1〕

解答用紙の「車両部門予算表」を完成しなさい。

〔問2〕

解答用紙の「工事原価計算表」を完成しなさい。

〔問3〕

標準管理データを与えられている乙材料について、当月の総消費価格差異およびNo.52工事とNo.53工事のそれぞれの消費量差異を計算しなさい。なお、それらの差異については、不利差異については「A」、有利差異については「B」を所定の欄に記号で記入し、数字の前にはマイナス記号等を記入しないこと。

（資　料）

1．月初未成工事原価1,000,000円の内訳（単位：円）

摘　　要	材料費	労務費	外注費	経　費	合　計
工事番号　No.51	225,078	220,596	356,422	136,414	938,510
工事番号　No.52	31,394	15,650	11,930	2,516	61,490

2．当月の材料費に関する資料

(1)　甲材料は引当材料で、当月の購入額は次のとおり。

工事番号	No.51	No.52	No.53	No.54
引当購入額（円）	54,000	1,196,000	557,000	156,400

(2)　乙材料は常備材料で、消費価格については予定価格法を採用している。予定価格は1kgあたり750円で、当月の工事別実際消費量は次のとおり。

工事番号	No.51	No.52	No.53	No.54
消　費　量（kg）	300	456	500	30

乙材料の当月実際消費単価は@785円であった。

(3)　乙材料については使用量の標準管理を実施しており、毎月、工事別の標準消費量を計算している。乙材料の消費を終了しているNo.52とNo.53工事の工事規模係数は、9.2と9.4である。また、工事規模係数あたり標準消費量は50kgである。

(4)　仮設材料の処理はすくい出し方式を採用している。当月中の工事別仮設材料投入額と仮設工事終了時評価額は次のとおり。

工事番号	No.51	No.52	No.53	No.54
仮設材料投入額（円）	−	247,400	344,000	34,460
仮設材料評価額（円）	−	25,000	39,000	仮設工事未完了

3．当月の労務費に関する資料

当社では、専門工事であるMUSET作業について常雇作業員による工事を行っており、労務費計算には予定平均賃率法を採用している。予定平均賃率は労務作業1時間あたり2,200円で、当月の工事別作業時間は次のとおり。

工事番号	No.51	No.52	No.53	No.54
労務作業時間（時間）	30	340	550	74

4．当月の外注費に関する資料

外注費の工事別当月発生額は、解答用紙に示すとおりである。

5．当月の経費に関する資料

(1)　機械部門費の配賦

機械部門費については、固定費と変動費を区別して、実際発生額を別々の配賦率によって、各工事に配賦している。

① 配賦基準　固定費…供用日数　変動費…運転時間

② 当月機械使用データ

工事番号	№51	№52	№53	№54
機械供用日数（日）	2	36	12	−
実際運転時間（時間）	80	350	110	−

③ 当月の機械部門費実際発生額

固定費　177,050円　変動費　67,500円

(2) 車両部門費の配賦

車両部門費については、年度当初に車両別の予定配賦率を決定し、これを月次の配賦に使用している。

① 当年度の予定配賦率の算定に関する資料

車両個別費の車両別予算額と車両共通費の科目別予算額は、解答用紙の「車両部門予算表」に示すとおりである。

車両共通費の配賦に関する資料は次のとおり。

摘　　要	配賦基準	車両X	車両Y
油脂関係費	予定走行距離（km）	9,700	7,000
消耗品費	車両の重量（t）	14	16
福利厚生費	関係人員数（人）	8	10
雑　　費	（均　　分）	0.5	0.5

② 当月の車両別・工事別車両使用実績は次のとおり。

工事番号	№51	№52	№53	№54
車　両　X（km）	30	396	376	70
車　両　Y（km）	34	450	230	94

③ 車両部門費はすべて、原価計算上は経費として処理することにしている。

(3) 工事別その他の経費の実際発生額は、解答用紙の「工事原価計算表」に示すとおりである。

問題53 標準原価計算

解答…P.124 理論 計算

群馬建設㈱は、H型鋼の鉄骨組立作業について次のような原価標準（1 tあたり）を設定している。

	数　量	単　価	金　額	備　考
直接工賃金	20時間	1,800	36,000	
副資材費	2 t	2,500	5,000	
溶接材料費	60 m	100	6,000	
作業間接費	−	−	28,800	直接工賃金の80％
合　計			75,800	

No.11工事現場における同作業は14 tであった。

直接工に支払われた以下の実際消費賃金データによって、同労務費について、標準原価差異としての作業時間差異と賃率差異を計算しなさい。

なお、有利差異については「＋」、不利差異については「−」を用いるものとする。

直接工賃金（実際）　　285時間×@1,840円＝524,400円

問題54 標準原価計算

解答…P.124 理論 計算

次の資料から、下記〔問1〕から〔問3〕について、(1)工事間接費標準配賦額、(2)工事間接費配賦差異を計算し、さらに(3)工事間接費配賦差異を①予算差異、②操業度差異および③能率差異（固定費からも計算する）に分析しなさい。

なお、変動予算にもとづいて、計算を行うものとする（基準操業度5,000時間／月間）。解答にあたり、有利差異については「A」、不利差異については「B」を用いるものとする。

（資　料）

工事間接費の標準

変動費：@200円×5時間＝1,000円

固定費：@120円×5時間＝　600円

〔問1〕

1．当月の生産データ

完成品量　950個（月初、月末とも仕掛品はなかった）

2．当月の実際発生額

1,582,550円（4,960時間）

〔問2〕

1．当月の生産データ

完成品量　920個　月末仕掛品量　80個（75％）（月初仕掛品はなかった）

仕掛品の（　　）内の数値は加工進捗度を示す。

2．当月の実際発生額

1,632,500円（4,975時間）

〔問３〕

1．当月の生産データ

月初仕掛品量　80個（50％）　完成品量　970個

月末仕掛品量　50個（80％）

仕掛品の（　　）内の数値は加工進捗度を示す。

2．当月の実際発生額

1,562,000円（4,899時間）

第12章　原価管理の展開

問題55　原価企画、原価維持、原価改善

解答…P.126 理論　計算

現代企業におけるコスト・マネジメントである原価企画、原価維持、原価改善の機能の相違について説明しなさい（200字以内）。

問題56　品質原価計算

解答…P.126 理論　計算

当社の付属資料にもとづいて、次の文章の□の中には適当な用語を下記の用語群から選び、（　　）の中には適当な数値を計算し記入しなさい。

当社では、従来、製品の品質管理が不十分であったので、企業内のさまざまな部門で重点的に品質保証活動を実施するため、「予防―評価―失敗アプローチ」を採用し、その結果を品質原価計算で把握することにした。

５年間にわたるその活動の成果はめざましいものがあり、×1年度と×5年度を比較すると、［①］原価と［②］原価の合計は、上流からの管理を重視したため、×1年度よりも（　③　）万円だけ増加した。しかし、下流で発生する［④］原価と［⑤］原価との合計は、×1年度よりも（　⑥　）万円も節約され、その結果、全体として品質保証活動費の合計額は×1年度よりも670万円も減少させることに成功した。

（用語群）

ア　評価	イ　改善	ウ　内部失敗	エ　標準	オ　実際
カ　予防	キ　廃棄	ク　外部失敗	ケ　予定	コ　総合

（付属資料）

	×1年度	×5年度
不良品手直費	1,050 万円	300 万円
建造物検査費	740	440
品質保証教育費	80	180
クレーム処理費	1,060	500
受入資材検査費	40	70
工程改善費	640	1,450
品質保証活動費合計	3,610	2,940

第13章　経営意思決定の特殊原価分析

問題57　特殊原価調査

解答…P.127　理論　計算

特殊原価調査の定義と、建設業原価計算において特殊原価調査をどのように活用すべきか述べなさい（200字以内）。

問題58　業務的意思決定

解答…P.127　理論　計算

当社では建設資材Aを生産しており、このAを生産するために必要な部品Bを自社で製造している。予算データは次のとおりである。

1．年間生産量：10,000個
2．年間製造原価
　(1)　直接材料費　　3,000,000円
　(2)　直接労務費　　4,500,000円
　(3)　変動製造間接費　　6,500,000円
　(4)　固定製造間接費　　8,000,000円

いま、部品Bの製造業者から1個1,800円で販売したいとの売り込みがあった。

なお、部品Bの製造を中止しても固定製造間接費のうち5,500,000円は発生してしまう。そこで、部品Bについて、自製と購入のどちらがいくら有利であるか、解答欄の［　　］に適当な語句・数値を入れなさい。

問題59　設備投資の経済性計算

解答…P.128　理論　計算

次の資料にもとづいて、各問に答えなさい。なお、計算途中で生じる端数は処理せずに計算すること。

（資　料）

当社では、新規設備投資案を検討している。

1．設備投資額　1,300万円

2．設備の経済的耐用年数　3年

3．この投資案を採用した場合に生じる年々のキャッシュ・イン・フロー

第1年度	第2年度	第3年度
500万円	600万円	400万円

4．３年経過後の設備処分価額はゼロである。

5．資本コスト率は年５％である。

6．法人税は考慮しない。

7．現価係数は下記を参照すること。

	5％	6％	7％	8％	9％
1年	0.9524	0.9434	0.9346	0.9259	0.9174
2年	0.9070	0.8900	0.8734	0.8573	0.8417
3年	0.8638	0.8396	0.8163	0.7938	0.7722

〔問１〕単純回収期間を求めなさい。

〔問２〕正味現在価値を求めなさい（万円未満を四捨五入）。

〔問３〕内部利益率を求めなさい（％未満第２位を四捨五入）。

論点別問題編

解答・解説

解答 1

> アクティビティ・コストは、製造や販売活動が実行される際にその活動に付随して発生する原価である。よって製造・販売活動が実行されているときに原価管理が行われる。これに対してキャパシティ・コストは現実の企業経営活動を実践するために保持される製造・販売能力の準備および維持のために発生する原価である。したがって製造・販売の準備や維持の段階で管理することが有効である。
>
> (200字以内)

解説

発生源泉別分類と原価管理に関する問題です。

① アクティビティ・コスト……製品を製造すれば発生し、製造しなければ発生しない業務活動原価

② キャパシティ・コスト………生産・販売活動をしなくても一定額発生する能力原価

以上のように発生源泉が違うので、原価管理上の相違が生じます。

解答 2

> 建設業は受注獲得のために事前にかなりの努力を必要とするため、事前原価計算が重視される。事前原価計算には、①見積原価計算すなわち指名獲得または受注活動等の対外的資料作成のための原価算定、②予算原価計算すなわち当該工事の確実な採算化のための内部的原価算定、③標準原価計算すなわち個々の工事の日常的管理のための能率水準としての原価算定がある。
>
> (200字以内)

解説

建設業には以下の特性があります。

(1) 受注請負生産業である
個別原価計算が用いられる場面が多くなります。

(2) 公共工事が多い
積算という手法を発展させ、事前的原価計算や原価管理を重視する傾向が強くなります。

(3) 生産期間（工事期間）が長い
間接費や共通費の配賦を合理的に行う必要があります。

(4) 移動性の生産現場である
生産現場の共通費の配賦方法が問題となり、歩掛という特有のデータも重視されます。

(5) 常置性固定資産が少ない
諸種の機材の費用化に関して、建設業では損料計算という用語と手法を開発しています。

(6) 工種および作業単位が多様である

一般の業種の原価計算では要求されない工種別原価計算が重視されます。

(7) 外注依存度が高い

建設業原価計算では、原価を材料費、労務費、外注費、経費の４つに区分する方法が採られています。

(8) 建設活動と営業活動との区分が不明瞭性である

できる限り、工事原価と営業関係費（販売費及び一般管理費）とに区別する必要があります。

(9) 請負金額および工事支出金が高額である

借入金利子は一般に非原価項目として取り扱われますが、原価管理や業績管理的な原価計算では、その取扱いにおいて弾力的思考が要求される場合があります。

(10) 自然現象や災害との関連が大きい

リスク・マネジメント的な意味での事前対策費は、健全な原価管理上重要な配慮事項なので、原価性を有すると考えられます。

(11) 共同企業体による受注がある

完成建設物の部分原価計算という性質をもつ場合があります。

解答 3

	1	2	3	4	5
記号（ア～ツ）	ソ	シ	ケ	カ	オ

解説

1．建設業は、天変地異の影響を受けやすいので、たとえ、偶発的事故等によって発生した費用であっても原価性を認めることがあります。なお、建設業では、非原価とは、工事原価と販売費及び一般管理費に算入されないものをいうので注意してください。

2．工事受注獲得のための関係書類を作成するために「積算」という原価計算作業を行って見積原価を作成します。積算は一種の事前原価計算です。

3．、4．工事費の分類には次の２通りがあります。

（第１図）

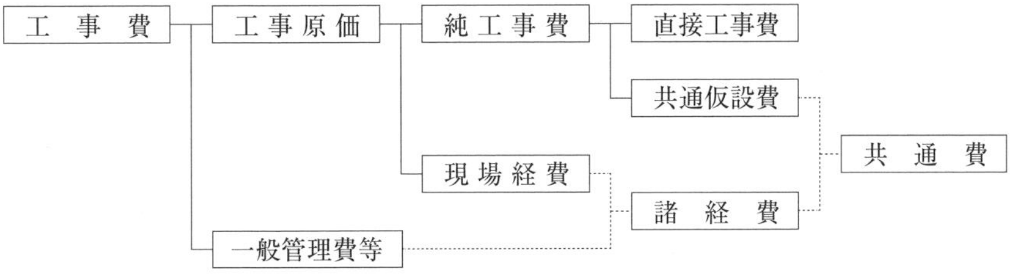

（第２図）

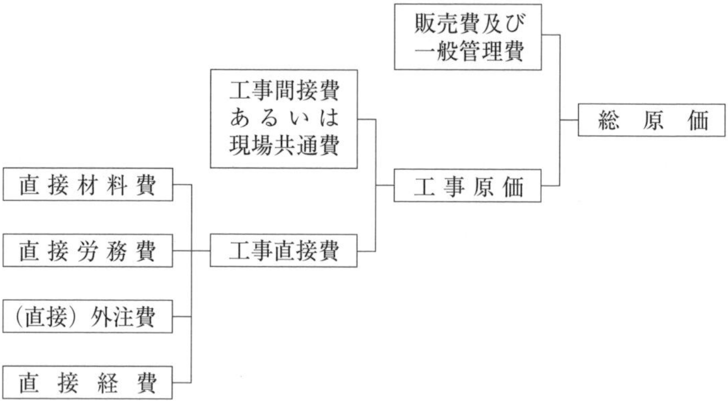

5．特殊原価調査とは、複式簿記機構のらち外で、必要あるごとに特殊な原価概念（機会原価、差額原価、埋没原価等）を使用して特殊調査の形で行われる原価計算です。

解答　4

1．建設業の特質	2．建設業原価計算への影響
①　受注請負生産	個別原価計算
②　公共工事が多い	事前原価計算（積算を使う）
③　工事期間が長い	共通費の配賦が重要
④　生産現場が移動的	共通費の配賦が重要（歩掛）
⑤　常置性固定資産が少ない	損料計算
⑥　工程が多数	工程（工種）別原価計算
⑦　外注依存度が高い	原価の４区分 （材料費、労務費、外注費、経費）
⑧　建設活動と営業活動との間にジョイント性がある	工事原価と営業関係費の区別が重要
⑨　請負金額や工事支出金が高額	非原価項目（利子）の原価算入あり
⑩　自然現象・災害との関連が大きい	事前対策費にも原価性あり
⑪　共同企業体による受注	部分原価計算

解答 5

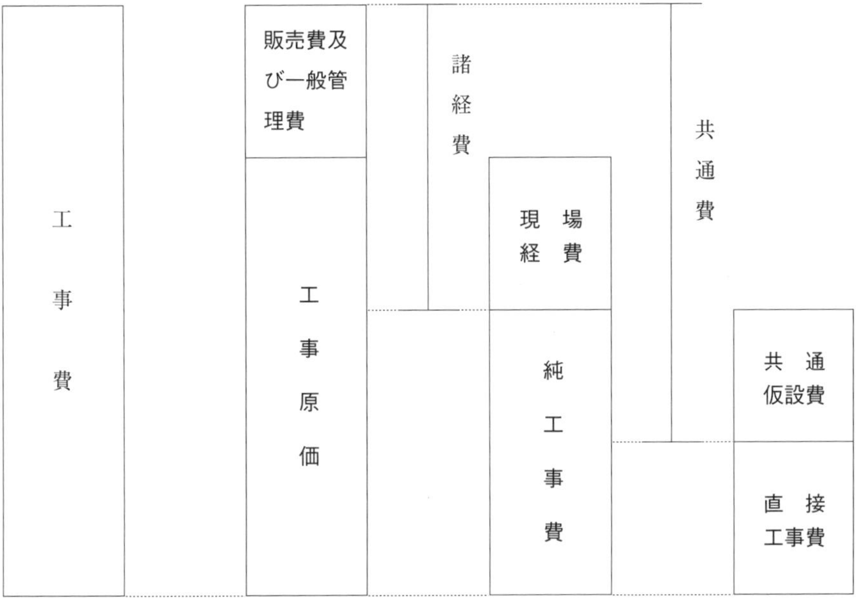

解答 6

① 社内損料計算方式

〔説明〕 社内の他部門のサービスを、あたかも社外から調達して使用料を支払うかのように計算して、その金額を工事原価に算入する計算方式である。

仮設材料は、使用日数あたりの損料分を予定しておき、その使用日数によって「社内仮設損料」として原価に算入する（なお、社内損料にはこの他に「社内機械損料」がある）。

② すくい出し方式

〔説明〕 すくい出し方式とは、工事の用に供した時点で、仮設材料の取得原価全額を原価に算入し、工事完了時に、その評価額を工事原価から控除する方式である。

仮設材料には、金属製仮設材料、木製仮設材料、移動性仮設建物などがある。これらを、税法上、償却性固定資産として経理処理しない場合には、すくい出し方式が適用される。一方、償却性固定資産として経理処理する場合は、社内損料計算方式が適用される。

解説

社内損料計算、すくい出し方式については、問題26～29も参照してください。

解答 7

〔問１〕

直接工事費に算入される材料費の金額	945,000円
材料副費配賦差異	2,000円（不利）

〔問２〕

A	2,800円
B	2,800円
C	10,500円
D	28,000円
E	8,400円

解説

〔問１〕

　このような問題では、材料、材料副費、材料副費配賦差異についてＴ勘定を設けて次のように求めていきます。

材　料

	前月繰越	0	未成工事支出金	945,000	②
	工事未払金等	1,200,000	工事間接費	52,500	③
①	材料副費	60,000	次月繰越	262,500	
		1,260,000		1,260,000	

材料副費

現金等	62,000	材料	60,000
		材料副費配賦差異	2,000
	62,000		62,000

材料副費配賦差異

材料副費	2,000	次月繰越	2,000
	2,000		2,000

① （資料１）の年間予算から、材料副費は購入代価総額の何％かを把握して予定配賦します。

$$\frac{300,000円 + 210,000円 + 160,000円 + 50,000円}{14,400,000円} = 0.05より$$

1,200,000円 × 0.05 = 60,000円

② 直接工事費に算入されるのは、建設工事に供された価額です。また、材料副費の分５％を加算します。

900,000円 ×（１＋0.05）= 945,000円

③ これも②と同様に計算します。

50,000円 ×（１＋0.05）= 52,500円

〔問２〕

① まず、Ａ～Ｅの係数を計算します。

Ａ　1,000 × 0.4 =　400
Ｂ　2,000 × 0.2 =　400
Ｃ　3,000 × 0.5 = 1,500
Ｄ　5,000 × 0.8 = 4,000
Ｅ　4,000 × 0.3 = <u>1,200</u>
　　　　　　　　　<u>7,500</u>

② 〔問１〕の共通仮設工事用の材料は、送り状ベースの材料に材料副費分を加算して求めています（〔問１〕③参照）。

これを各工事に按分するには、①で求めた係数の割合をそれぞれ乗じます。

$$\frac{52,500}{7,500} \times \begin{cases} \text{A} & 400 = 2,800 \\ \text{B} & 400 = 2,800 \\ \text{C} & 1,500 = 10,500 \\ \text{D} & 4,000 = 28,000 \\ \text{E} & 1,200 = 8,400 \end{cases}$$

解答　8

完成工事原価　　　<u>2,802,500円</u>

解説

本問は、すくい出し方式によるという指示があることから以下のように計算できます。

すくい出し方式とは、仮設材料の取得原価をまず工事原価（未成工事支出金）に全額算入し、工事が完成したら、その評価額だけ工事原価から控除する方式です。

① 仮設材料の評価額を計算します。

280,000円 − 82,500円 = 197,500円

② 工事原価から評価額を控除して完成工事原価を計算します。

3,000,000円 − 197,500円 = 2,802,500円

解答 9

	正誤	理由
①	○	
②	×	建設資材購入について、値引・割戻しを受けた際は、原則として購入原価から控除する。
③	○	
④	○	
⑤	×	外注であっても労務外注の対価（労務外注費）の場合は、その本質が賃金と変わりないことから、労務費として処理することができる。

解答 10

実際配賦では工事間接費の実際発生額がすべて判明してからでないと配賦計算を行うことができないが、正常配賦または予定配賦によれば事前に配賦率が決定しているため、迅速な計算が可能である。また、工事間接費は操業度の変化に比例しない固定費が多く実際配賦によると受注工事の多少により単位原価が著しく変化するが、予定配賦または正常配賦によれば１年間ないし２～３年間に共通する配賦率による算定によって配賦額が均等化され配賦の正常性を保つことができる。

（250字以内）

解説

工事間接費の実際発生額を把握してから、その配賦計算を実施することは、計算の迅速性と配賦の正常性の両面から欠陥があります。

予定配賦法は、主として計算の迅速性に着眼した手法であり、正常配賦法はさらに、配賦の正常性を強調した手法です。

一般にいう製造間接費、建設業の工事間接費は、操業度の変動にほとんど影響されることがない固定費（キャパシティ・コスト）部分が多いといえます。たとえば、建設用の機械や車両や仮設建物も、実際上は、減価償却によって費用化していくものですから、その利用コストは固定費と考えざるをえません。また、現場管理要員の人件費もほぼ月給化した固定費です。

もし、これらの原価について実際配賦法を採用するとすれば、工事繁忙期にはその配賦額が少額となり、工事閑散期にはその配賦額が多額となるという現象になります。これでは、比較可能性をもった原価資料として、何の役にも立たないばかりか、入札価格あるいは契約価格等の見積りにも影響を及ぼすことになってしまうかもしれません。

正常配賦法では、月間ではなく、１年間、場合によっては２～３年間に共通する配賦率を算定し、同一作業には、時間あたりやその他の単位あたりの配賦額を均一化して配賦するので、上記のような実際配賦法の欠陥を克服できます。

解答 11

〔問1〕

（単位：円）

	No.201	No.202	No.203
①	122,400	276,000	201,600
②	116,667	310,000	173,334
③	118,715	297,858	183,429
④	204,000	240,000	156,000
⑤	201,600	249,600	148,800

〔問2〕

① 正常配賦率　900円/MH

② 工事間接費配賦差異　75,000円（有利）

内訳…予算差異　47,000円（有利）

操業度差異　28,000円（有利）

解説

〔問1〕

以下のように各工事への配賦額を求めます。

配賦額＝当月の工事間接費発生額／当月の配賦基準数値の総額×各工事の配賦基準数値の実績値

→ 配賦率を示します。

① 600,000円／300,000円×
- 61,200円＝122,400円（No.201）
- 138,000円＝276,000円（No.202）
- 100,800円＝201,600円（No.203）

② 600,000円／540,000円×
- 105,000円≒116,667円（No.201）
- 279,000円＝310,000円（No.202）
- 156,000円≒173,334円（No.203）

← 端数処理についての指示は必ず確認しましょう。

③ 600,000円／(300,000円＋540,000円)×
- （61,200円＋105,000円）≒118,715円（No.201）
- （138,000円＋279,000円）≒297,858円（No.202）
- （100,800円＋156,000円）≒183,429円（No.203）

④ 600,000円／3,000時間×
- 1,020時間＝204,000円（No.201）
- 1,200時間＝240,000円（No.202）
- 780時間＝156,000円（No.203）

⑤ $$\frac{600{,}000\text{円}}{750\text{時間}} \times \begin{cases} 252\text{時間} = 201{,}600\text{円}\ (\text{No.}201) \\ 312\text{時間} = 249{,}600\text{円}\ (\text{No.}202) \\ 186\text{時間} = 148{,}800\text{円}\ (\text{No.}203) \end{cases}$$

〔問2〕

① $$\text{正常配賦率} = \frac{\text{工事間接費年間予算額}}{\text{年間正常機械稼働時間}}$$ で求められます。

$$= \frac{4{,}080{,}000 + 3{,}264{,}000}{8{,}160\text{時間}} = 900\text{円}/\text{MH}$$

② 工事間接費の配賦差異は、次の図で求めることができます。

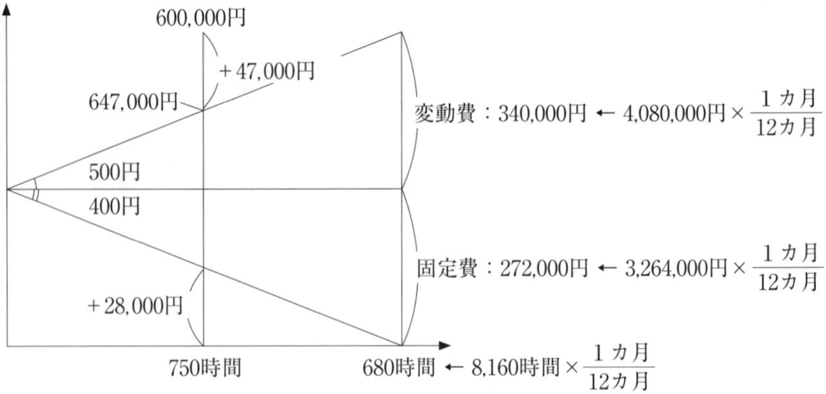

実際値が当月のもの（月単位）なので、予算額も1カ月いくらかを考えます。

解答 12

〔問1〕

工事原価計算表

×1年12月次

（単位：円）

	No.157	No.158	No.159	No.160	合　計
月初未成工事原価	(1,525,700)	(——)	(——)	(——)	(1,525,700)
当月発生工事原価					
1．材　料　費					
(1) 甲 材 料 費	(76,000)	(480,700)	(607,300)	(399,000)	(1,563,000)
(2) 乙 材 料 費	(15,750)	(137,250)	(209,250)	(46,350)	(408,600)
［材料費計］	(91,750)	(617,950)	(816,550)	(445,350)	(1,971,600)
2．労　務　費					
G 作 業 費	(129,200)	(540,600)	(765,000)	(153,000)	(1,587,800)
3．外　注　費					
(1) P 工 事 費	33,800	135,600	222,000	90,500	481,900
(2) Q 工 事 費	53,500	299,000	376,400	152,100	881,000
［外注費計］	87,300	434,600	598,400	242,600	1,362,900
4．経　費					
(1) 直 接 経 費	(15,100)	(66,660)	(58,700)	(34,470)	(174,930)
(2) 機械部門費	(30,400)	(127,200)	(180,000)	(36,000)	(373,600)
(3) 共通職員人件費	(6,840)	(43,263)	(54,657)	(35,910)	(140,670)
［経 費 計］	(52,340)	(237,123)	(293,357)	(106,380)	(689,200)
当月完成工事原価	(1,886,290)	(1,830,273)	(2,473,307)	(——)	(6,189,870)
月末未成工事原価	(——)	(——)	(——)	(947,330)	(947,330)

〔問2〕

完成工事原価報告書

自　×1年12月1日　至　×1年12月31日　（単位：円）

ゴエモン建設株式会社

Ⅰ．材　　料　　費	2071250
Ⅱ．労　　務　　費	2351200
（うち労務外注費	525400）
Ⅲ．外　　注　　費	933900
Ⅳ．経　　　　　費	833520
（う ち 人 件 費	226170）
完成工事原価	6189870

〔問3〕

予 算 差 異	4923	円	記号（AまたはB）	A
操業度差異	21120	円	記号（AまたはB）	B

解説

〔問1〕「工事原価計算表」の作成

1．材料費の集計

⑴　甲材料費：購入した材料のうち、実際に使用した分が原価として集計されます。したがって、№159用材料のうち、残材となっている43,200円については原価の集計にあたり控除されます。

650,500円－43,200円＝607,300円

⑵　乙材料費：消費価格として予定価格が用いられているので、各工事における消費量に予定価格を乗じて原価を計算します。

①　各工事への配賦額

No.157：@4,500円×3.5kg＝15,750円
No.158：@4,500円×30.5kg＝137,250円
No.159：@4,500円×46.5kg＝209,250円
No.160：@4,500円×10.3kg＝46,350円

2．労務費の集計

賃率として予定平均賃率が用いられているので、各工事における作業時間に予定平均賃率を乗じて原価を計算します。

⑴　各工事への配賦額

No.157：@1,700円×76時間＝129,200円
No.158：@1,700円×318時間＝540,600円
No.159：@1,700円×450時間＝765,000円
No.160：@1,700円×90時間＝153,000円

3．外注費の集計

金額が解答欄に与えられているため集計の必要はありませんが、P工事に関する原価は「完成工事原価報告書」上の分類では「労務費」として扱われ、「労務外注費」として表示することに注意します。

4．経費の集計

⑴　直接経費：資料5に与えられています。

⑵　機械部門費配賦額：まず、固定費部分を含めた「予定配賦率」を計算し、これを消費量の基準となるG工事作業時間に乗じて各工事に対する配賦額を計算します。

① 予定配賦率の計算

$$@80\text{円} + \frac{320{,}000\text{円}}{1{,}000\text{時間}} = @400\text{円}$$

② 各工事への配賦額

$$\begin{array}{l} \text{No.157:} \\ \text{No.158:} \\ \text{No.159:} \\ \text{No.160:} \end{array} \quad @400\text{円} \times \left\{ \begin{array}{l} 76\text{時間} = 30{,}400\text{円} \\ 318\text{時間} = 127{,}200\text{円} \\ 450\text{時間} = 180{,}000\text{円} \\ 90\text{時間} = 36{,}000\text{円} \end{array} \right.$$

(3) 共通職員人件費配賦額

実際発生額のうち工事現場負担分に相当する金額を、基準となる甲材料費（当期発生分）で除して配賦率を算定します。

① 工事現場負担額：312,600円×0.45＝140,670円

② 当期発生甲材料費：76,000円＋480,700円＋(650,500円－43,200円)＋399,000円
＝1,563,000円

③ 配賦率の計算：140,670円÷1,563,000円＝0.09

④ 各工事への配賦額

$$\begin{array}{l} \text{No.157:} \\ \text{No.158:} \\ \text{No.159:} \\ \text{No.160:} \end{array} \quad 0.09 \times \left\{ \begin{array}{l} 76{,}000\text{円} = 6{,}840\text{円} \\ 480{,}700\text{円} = 43{,}263\text{円} \\ (650{,}500\text{円} - 43{,}200\text{円}) = 54{,}657\text{円} \\ 399{,}000\text{円} = 35{,}910\text{円} \end{array} \right.$$

〔問2〕

当月中に完成したNo.157、No.158およびNo.159の各工事において発生した原価を原価要素別に集計します。このとき、No.157に関する月初未成工事原価も当期完成工事原価に加える必要があります。また、P工事に関する外注費は労務費（労務外注費）として集計することに注意します。

1．材料費の集計：545,000円＋91,750円＋617,950円＋816,550円＝2,071,250円

2．労務費の集計：391,000円＋129,200円＋540,600円＋765,000円＋134,000円
＋33,800円＋135,600円＋222,000円＝2,351,200円

3．労務外注費の集計：134,000円＋33,800円＋135,600円＋222,000円＝525,400円

4．外注費の集計：205,000円＋53,500円＋299,000円＋376,400円＝933,900円

5．経費の集計：250,700円＋52,340円＋237,123円＋293,357円＝833,520円

6．人件費の集計：56,000円＋65,410円＋104,760円＝226,170円

月初未成工事分：56,000円

直接経費分：5,400円＋800円＋620円＋21,200円＋5,600円＋7,300円
＋18,390円＋2,770円＋3,330円＝65,410円

共通職員人件費：6,840円＋43,263円＋54,657円＝104,760円

〔問３〕機械部門費配賦差異の分析

予算差異：(@80円×934時間(*)＋320,000円)－389,797円＝4,923円（有利差異・A）

操業度差異：(934時間(*)－1,000時間)×@320円＝△21,120円（不利差異・B）

(*) 76時間＋318時間＋450時間＋90時間＝934時間

解答 13

〔問１〕

工事原価計算表

×2年1月次

（単位：円）

	No.252	No.253	No.254	No.255	合　計
月初未成工事原価	(1,344,750)	(189,840)	(——)	(——)	(1,534,590)
当月発生工事原価					
1．材　料　費					
(1) X 材 料 費	(67,600)	(473,200)	(692,640)	(326,560)	(1,560,000)
(2) Y 材 料 費	(18,000)	(82,000)	(106,000)	(66,000)	(272,000)
2．労　務　費					
Z 作 業 費	(54,600)	(780,000)	(637,000)	(200,200)	(1,671,800)
3．外　注　費	34,500	645,000	450,000	198,500	1,328,000
4．経　　　費					
(1) 直 接 経 費	(16,000)	(120,180)	(95,250)	(37,360)	(268,790)
(2) 重機械部門費	(11,340)	(162,000)	(132,300)	(41,580)	(347,220)
(3) 共通職員人件費	(5,520)	(103,200)	(72,000)	(31,760)	(212,480)
当月完成工事原価	(1,552,310)	(2,555,420)	(——)	(——)	(4,107,730)
月末未成工事原価	(——)	(——)	(2,185,190)	(901,960)	(3,087,150)

〔問２〕

完成工事原価報告書

自　×2年1月1日　至　×2年1月31日

（単位：円）

ゴエモン建設株式会社

Ⅰ．材　料　費		(1,292,020)
Ⅱ．労　務　費		(1,074,300)
Ⅲ．外　注　費		(1,166,500)
Ⅳ．経　　　費		(574,910)
（うち人件費	249,380)	
完成工事原価		(4,107,730)

〔問３〕

(1)　Ｙ材料費の消費価格差異（　　　24,480）円　記号（ＡまたはＢ）[A]

(2)　重機械経費の予算差異（　　　34,632）円　記号（ＡまたはＢ）[B]

　　重機械経費の操業度差異（　　　8,510）円　記号（ＡまたはＢ）[A]

解説

〔問１〕「工事原価計算表」の作成

1．材料費の集計

(1)　Ｘ材料費

購入手数料を材料副費として加算する必要があります。

①　配賦率：@60,000円÷（65,000円＋455,000円＋666,000円＋314,000円）＝0.04

工事	配賦額	Ｘ材料費合計額
No.252：	0.04×65,000円＝2,600円	65,000円＋2,600円＝67,600円
No.253：	0.04×455,000円＝18,200円	455,000円＋18,200円＝473,200円
No.254：	0.04×666,000円＝26,640円	666,000円＋26,640円＝692,640円
No.255：	0.04×314,000円＝12,560円	314,000円＋12,560円＝326,560円

(2)　Ｙ材料費

消費価格として予定価格が用いられているので、各工事における消費量に予定価格を乗じて原価を計算します。

①　各工事への配賦額

No.252：@2,000円×9本＝18,000円

No.253：@2,000円×41本＝82,000円

No.254：@2,000円×53本＝106,000円

No.255：@2,000円×33本＝66,000円

2．労務費の集計

賃率として予定平均率が用いられているので、各工事における作業時間に予定平均賃率を乗じて原価を計算します。

(1)　各工事への配賦額

No.252：@2,600円×21時間＝54,600円

No.253：@2,600円×300時間＝780,000円

No.254：@2,600円×245時間＝637,000円

No.255：@2,600円×77時間＝200,200円

3．経費の集計

⑴　直接経費：資料5⑴に与えられています。

⑵　重機械部門費：まず、固定費部分を含めた「予定配賦率」を計算し、これを消費量の基準となるZ工事作業時間に乗じて各工事に対する配賦額を計算します。

①　予定配賦率の計算

$$@170\text{円}+\frac{246{,}420\text{円}}{666\text{時間}}=@540\text{円}$$

②　各工事への配賦額

No.252：@540円×21時間＝11,340円
No.253：@540円×300時間＝162,000円
No.254：@540円×245時間＝132,300円
No.255：@540円×77時間＝41,580円

⑶　H氏人件費の処理

当月の人件費のうち管理時間の割合に相当する金額を、基準となる外注費（当期発生分）で除して配賦率を算定します。

①　工事原価となる額：$318{,}720\text{円}\times\frac{2}{3}=212{,}480\text{円}$

②　配賦率の計算：212,480円÷1,328,000円＝0.16

③　各工事への配賦額

No.252：0.16×34,500円＝5,520円
No.253：0.16×645,000円＝103,200円
No.254：0.16×450,000円＝72,000円
No.255：0.16×198,500円＝31,760円

〔問2〕「完成工事原価報告書」の作成

当月中に完成したNo.252およびNo.253の各工事において発生した原価を原価要素別に集計します。このとき、各工事の月初未成工事原価も当期完成工事原価に加える必要があります。

1．材料費の集計：554,900円＋96,320円＋67,600円＋473,200円＋18,000円＋82,000円
＝1,292,020円

2．労務費の集計：222,000円＋17,700円＋54,600円＋780,000円＝1,074,300円

3．外注費の集計：421,000円＋66,000円＋34,500円＋645,000円＝1,166,500円

4．経費の集計：146,850円＋9,820円＋16,000円＋11,340円＋5,520円
＋120,180円＋162,000円＋103,200円＝574,910円

5．人件費の集計：83,950円＋56,710円＋108,720円＝249,380円

月初未成工事分：82,300円＋1,650円＝83,950円

直接経費分：7,720円＋1,230円＋44,400円＋3,360円＝56,710円

共通職員人件費：5,520円＋103,200円＝108,720円

〔問３〕 原価差異の分析

(1) 消費価格差異

総平均法によって計算した実際価格と予定価格の差に実際消費量を乗じて求めます。

① 実 際 価 格：(51,000円＋308,700円)÷(25本＋140本)＝@2,180円

② 差異の計算：(@2,000円－@2,180円)×136本＝△24,480円（不利差異）→A

(2) 予算差異と操業度差異

① 予 算 差 異：(@170円×643時間＋246,420円)－321,098円＝34,632円（有利差異）→B

② 操業度差異：(643時間－666時間)×@370円＝△8,510円（不利差異） →A

解答 14

記号	①	②	③	④	⑤	⑥	⑦
（A～N）	G	K	F	D	E	C	N

解説

1．活動基準原価計算（ＡＢＣ）とは、製造間接費（建設業の工事間接費）をできるかぎり、その発生と関係の深いアクティビティ（活動）に結びつけて把握し、その発生の規模を示すコスト・ドライバーによって、プロダクトへの配賦計算を適切に実施しようとする手法です。

2．実際原価計算であっても、その過程で予定の数値を使うことがありますが、これは、計算の迅速化を図ろうとするものです。また、操業水準に変動があるようなケースでは、配賦の不均一を排除し、配賦を正常化するという役割を持つこともあります。

解答 15

伝統的な原価計算システムでは、主として工事間接費の適切な配賦のために、工事間接費を発生した部門に割り当てて、工事原価の精緻化を図るが、活動基準により工事間接費を配賦する場合、伝統的な部門別計算を廃して、工事原価をできるかぎりその発生と関係の深い活動に結びつけて、その活動に集計されたコストを直接的に工事に配賦することから、より戦略的に有用な原価計算を実施することができる。

（200字以内）

解答 16

(1) 伝統的原価計算

	A工事		B工事	
工事総利益	(462,200)	円	(264,800)	円
工事総利益率	(15.9)	%	(13.2)	%

(2) 活動基準原価計算

	A工事		B工事	
工事総利益	(620,600)	円	(106,400)	円
工事総利益率	(21.4)	%	(5.3)	%

解説

(1) 伝統的原価計算

	A工事	B工事
工事収益	2,900,000円	2,000,000円
工事原価		
工事直接費	1,455,000円	1,080,000円
工事間接費	982,800(*)	655,200(*)
工事原価合計	2,437,800円	1,735,200円
工事総利益	462,200円	264,800円
工事総利益率	15.9%	13.2%

(*) 工事間接費の配賦

$$1{,}638{,}000\text{円} \times \frac{450{,}000\text{円}}{450{,}000\text{円} + 300{,}000\text{円}} = 982{,}800\text{円}$$……A工事へ

$$1{,}638{,}000\text{円} \times \frac{300{,}000\text{円}}{450{,}000\text{円} + 300{,}000\text{円}} = 655{,}200\text{円}$$……B工事へ

(2) 活動基準原価計算

	A工事	B工事
工事収益	2,900,000円	2,000,000円
工事原価		
工事直接費	1,455,000円	1,080,000円
工事間接費	824,400(*)	813,600(*)
工事原価合計	2,279,400円	1,893,600円
工事総利益	620,600円	106,400円
工事総利益率	21.4%	5.3%

(*) 工事間接費の配賦

	A工事	B工事
機械利用費：	$1{,}008{,}000\text{円} \times \dfrac{800\text{時間}}{1{,}400\text{時間}} = 576{,}000\text{円}$	$1{,}008{,}000\text{円} \times \dfrac{600\text{時間}}{1{,}400\text{時間}} = 432{,}000\text{円}$
メンテナンス費：	$216{,}000\text{円} \times \dfrac{4\text{回}}{10\text{回}} = 86{,}400\text{円}$	$216{,}000\text{円} \times \dfrac{6\text{回}}{10\text{回}} = 129{,}600\text{円}$
段　取　費：	$144{,}000\text{円} \times \dfrac{3\text{回}}{6\text{回}} = 72{,}000\text{円}$	$144{,}000\text{円} \times \dfrac{3\text{回}}{6\text{回}} = 72{,}000\text{円}$
運　搬　費：	$270{,}000\text{円} \times \dfrac{300}{900} = 90{,}000\text{円}$	$270{,}000\text{円} \times \dfrac{600}{900} = 180{,}000\text{円}$
	824,400円	813,600円

解答 17

記号（A～J）	①	②	③	④	⑤
	E	I	J	H	B

解説

1．原価部門は、工事原価の計算を正確にするために、原価要素を分類するための計算組織上の区分です。したがって、必要に応じて組織（部門）として存在しない施工部門といったものを設定することもあります。

2．原価計算において、原価部門を設定する意義は、主として製造原価の計算をより適切なものにしようとすることです。経営遂行上の組織と一致させてこれを設定する場合には、責任区分別の原価管理を効率的に進めることにも役立ちます。

解答 18

部門費配分表

×1年12月分

(単位：円)

費目	金額	配賦基準	施工部門		補助部門		
			第1部門	第2部門	動力部門	運搬部門	管理部門
部門個別費							
間接材料費	69,480	—	39,740	22,200	4,760	2,780	—
間接労務費	185,710	—	97,740	78,690	3,040	5,790	450
個別費	255,190		137,480	100,890	7,800	8,570	450
部門共通費							
建物関係費	99,000	占有面積	25,800	54,000	9,900	3,600	5,700
支払電力料	177,150	電灯数	53,145	67,317	38,973	—	17,715
福利厚生費	97,800	従業員数	32,600	48,900	4,890	8,150	3,260
支払運賃	50,000	運搬回数	16,000	26,000	4,000	2,000	2,000
共通費計	423,950		127,545	196,217	57,763	13,750	28,675
部門費合計	679,140		265,025	297,107	65,563	22,320	29,125

解説

1．部門個別費については、それぞれの金額を解答用紙に転記します。

2．部門共通費

各費目をそれぞれ適切な配賦基準（解答用紙に指定）で配賦します。

(1) 建物関係費

$$\begin{array}{l} \text{第1部門：} \\ \text{第2部門：} \\ \text{動力部門：} \\ \text{運搬部門：} \\ \text{管理部門：} \end{array} \frac{99{,}000\text{円}}{330\text{m}^2} \times \begin{cases} 86\text{m}^2 = 25{,}800\text{円} \\ 180\text{m}^2 = 54{,}000\text{円} \\ 33\text{m}^2 = 9{,}900\text{円} \\ 12\text{m}^2 = 3{,}600\text{円} \\ 19\text{m}^2 = 5{,}700\text{円} \end{cases}$$

(2) 支払電力料

$$\begin{array}{l} \text{第1部門：} \\ \text{第2部門：} \\ \text{動力部門：} \\ \text{運搬部門：} \\ \text{管理部門：} \end{array} \frac{177{,}150\text{円}}{50\text{個}} \times \begin{cases} 15\text{個} = 53{,}145\text{円} \\ 19\text{個} = 67{,}317\text{円} \\ 11\text{個} = 38{,}973\text{円} \\ \text{なし} \\ 5\text{個} = 17{,}715\text{円} \end{cases}$$

(3) 福利厚生費

第１部門：
第２部門：
動力部門：
運搬部門：
管理部門：

$$\frac{97{,}800円}{60人}\times\begin{cases}20人=32{,}600円\\30人=48{,}900円\\3人=\ \ 4{,}890円\\5人=\ \ 8{,}150円\\2人=\ \ 3{,}260円\end{cases}$$

(4) 支払運賃

第１部門：
第２部門：
動力部門：
運搬部門：
管理部門：

$$\frac{50{,}000円}{25回}\times\begin{cases}8回=16{,}000円\\13回=26{,}000円\\2回=\ \ 4{,}000円\\1回=\ \ 2{,}000円\\1回=\ \ 2{,}000円\end{cases}$$

解答 19

部　門　費　振　替　表

（単位：円）

摘　　要	合　計	施　工　部　門		補　助　部　門		
		第１部門	第２部門	動力部門	修繕部門	事務部門
部　門　費	169,914	48,750	36,000	22,800	21,864	40,500
動力部門		16,890	10,134	(33,780)	6,756	—
修繕部門		13,200	9,900	6,600	(33,000)	3,300
事務部門		17,520	17,520	4,380	4,380	(43,800)
施工部門費計	169,914	96,360	73,554	0	0	0

解説

a：最終的に計算された動力部門費
b：最終的に計算された修繕部門費
c：最終的に計算された事務部門費

とおくと、各部門の最終的な部門費は次のように計算できます。

	第１部門	第２部門	動力部門	修繕部門	事務部門
部　門　費	48,750	36,000	22,800	21,864	40,500
動力部門	0.5a	0.3a	—	0.2a	—
修繕部門	0.4b	0.3b	0.2b	—	0.1b
事務部門	0.4c	0.4c	0.1c	0.1c	—
合　計	?	?	a	b	c

よって、上記a、b、cは次のように表すことができます。

$$\begin{cases} a = 22{,}800 + 0.2b + 0.1c & \cdots\cdots\cdots\text{①} \\ b = 21{,}864 + 0.2a + 0.1c & \cdots\cdots\cdots\text{②} \\ c = 40{,}500 + 0.1b & \cdots\cdots\cdots\text{③} \end{cases}$$

↓

③を①②の式に示されている文字cに代入します。

$$\begin{cases} a = 22{,}800 + 0.2b + 0.1 \times (40{,}500 + 0.1b) \\ b = 21{,}864 + 0.2a + 0.1 \times (40{,}500 + 0.1b) \end{cases}$$

↓

$$\begin{cases} a = 22{,}800 + 0.2b + 4{,}050 + 0.01b \\ b = 21{,}864 + 0.2a + 4{,}050 + 0.01b \end{cases}$$

↓

$$\begin{cases} a = 26{,}850 + 0.21b & \cdots\cdots\cdots\text{①}' \\ 0.99b = 25{,}914 + 0.2a & \cdots\cdots\cdots\text{②}' \end{cases}$$

↓

①′を②′の式に示されている文字aに代入します。

$$0.99b = 25{,}914 + 0.2 \times (26{,}850 + 0.21b)$$
$$0.99b = 25{,}914 + 5{,}370 + 0.042b$$
$$0.948b = 31{,}284$$

$$\boxed{b = 33{,}000}$$

b = 33,000を①′の式に示されている文字bに代入します。

$$a = 26{,}850 + 0.21 \times 33{,}000$$

$$\boxed{a = 33{,}780}$$

b = 33,000を③の式に示されている文字bに代入します。

$$c = 40{,}500 + 0.1 \times 33{,}000$$

$$\boxed{c = 43{,}800}$$

したがって、各補助部門費の関係部門への配賦額は次のとおりです。

部門費振替表

（単位：円）

摘要	合計	施工部門		補助部門		
		第1部門	第2部門	動力部門	修繕部門	事務部門
部門費	169,914	48,750	36,000	22,800	21,864	40,500
動力部門		① 16,890	② 10,134	—	③ 6,756	—
修繕部門		④ 13,200	⑤ 9,900	⑥ 6,600	—	⑦ 3,300
事務部門		⑧ 17,520	⑨ 17,520	⑩ 4,380	⑪ 4,380	—
施工部門費計	169,914	96,360	73,554	(*1) (33,780)	(*2) (33,000)	(*3) (43,800)

33,780（*1）× { 50％＝16,890…①
30％＝10,134…②
20％＝ 6,756…③ }

33,000（*2）× { 40％＝132,00…④
30％＝ 9,900…⑤
20％＝ 6,600…⑥
10％＝ 3,300…⑦ }

43,800（*3）× { 40％＝17,520…⑧
40％＝17,520…⑨
10％＝ 4,380…⑩
10％＝ 4,380…⑪ }

上記の部門費振替表にもとづき、第１部門勘定と動力部門勘定の記入を示せば、次のとおりになります。

第　1　部　門

工事間接費	48,750		
動 力 部 門	16,890		
修 繕 部 門	13,200		
事 務 部 門	17,520		

動　力　部　門

工事間接費	22,800	第 1 部 門	16,890
修 繕 部 門	6,600	第 2 部 門	10,134
事 務 部 門	4,380	修 繕 部 門	6,756

解答 20

〔問１〕

第１施工部に対する配賦額：　267,020円

第２施工部に対する配賦額：　205,400円

〔問２〕

第１施工部に対する配賦額：　253,760円

第２施工部に対する配賦額：　218,660円

〔問３〕

第１施工部に対する配賦額：　243,360円

第２施工部に対する配賦額：　187,200円

配　賦　差　異：　41,860円（不利差異）

〔問４〕

第１施工部に対する配賦額：　239,460円

第２施工部に対する配賦額：　206,700円

配　賦　差　異：　26,260円（不利差異）

保　全　部　（単位：円）

変動費実際発生額	(269,100)	第1施工部への配賦額	
固定費実際発生額	(203,320)	変動費	(141,960)
		固定費	(97,500)
		第2施工部への配賦額	
		変動費	(109,200)
		固定費	(97,500)
		総差異	(26,260)
	(472,420)		(472,420)

解説

〔問1〕

単一基準配賦法においては、変動費・固定費の合計を施工部門の実際用役消費量の割合で配賦します。なお、補助部門費は、施工部門の変動費に含まれます。

(1)　第1施工部：$(269{,}100\text{円} + 203{,}320\text{円}) \times \frac{338\text{時間}}{598\text{時間}} = 267{,}020\text{円}$

→第1施工部変動費へ

(2)　第2施工部：$(269{,}100\text{円} + 203{,}320\text{円}) \times \frac{260\text{時間}}{598\text{時間}} = 205{,}400\text{円}$

→第2施工部変動費へ

〔問2〕

複数基準配賦法においては、変動費は施工部門の実際用役消費量の割合で、固定費は施工部門の用役消費能力の割合で配賦します。

(1)　第1施工部

①　変動費：$269{,}100\text{円} \times \frac{338\text{時間}}{598\text{時間}} = 152{,}100\text{円}$

②　固定費：$203{,}320\text{円} \times \frac{390\text{時間}}{780\text{時間}} = \underline{101{,}660\text{円}}$

$\underline{\underline{253{,}760\text{円}}}$

(2)　第2施工部

①　変動費：$269{,}100\text{円} \times \frac{260\text{時間}}{598\text{時間}} = 117{,}000\text{円}$

②　固定費：$203{,}320\text{円} \times \frac{390\text{時間}}{780\text{時間}} = \underline{101{,}660\text{円}}$

$\underline{\underline{218{,}660\text{円}}}$

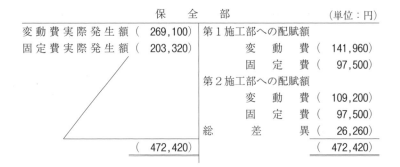

〔問3〕

補助部門の正常配賦率を求めます。

(273,000円＋195,000円)÷650時間＝720円/時間

各施工部門へは上記正常配賦率を使って配賦を行います。なお、補助部門費は、施工部門の変動費に含まれます。

第1施工部：720円/時間×338時間＝243,360円→第1施工部変動費へ

第2施工部：720円/時間×260時間＝187,200円→第2施工部変動費へ

430,560円

総　差　異：430,560円－472,420円＝△41,860円

(不利差異：予算差異および操業度差異)

〔問4〕

補助部門の変動正常配賦率を求めます。

273,000円÷650時間＝420円/時間

各施工部門へは変動費については上記変動正常配賦率を使って配賦を行い、固定費については予算額を用役消費能力の割合で配賦します。

第1施工部：変動費；420円/時間×338時間＝141,960円

固定費；$195{,}000円 \times \dfrac{390時間}{780時間}$ ＝ 97,500円

239,460円

第2施工部：変動費；420円/時間×260時間＝109,200円

固定費；$195{,}000円 \times \dfrac{390時間}{780時間}$ ＝ 97,500円

206,700円

総　差　異：(239,460円＋206,700円)－472,420円＝△26,260円

(不利差異：予算差異)

解答 21

(1)

仮設部門費

個	114,000	A	(120,750)
補	(79,200)	B	(72,450)
	(—)		(—)

機械部門費

個	228,000	A	(140,400)
補	(52,800)	B	(140,400)
	(—)		(—)

補助部門費

個	132,000	仮	(79,200)
	(—)	機	(52,800)
	(—)		(—)

A工事

仮	(120,750)	
機	(140,400)	

B工事

仮	(72,450)	
機	(140,400)	

(2)

仮設部門費

個	114,000	A	(120,000)
補	(79,200)	B	(72,000)
	(—)	差	(1,200)

機械部門費

個	228,000	A	(144,000)
補	(52,800)	B	(144,000)
差	(7,200)		(—)

補助部門費

個	132,000	仮	(79,200)
	(—)	機	(52,800)
	(—)		(—)

A工事

仮	(120,000)	
機	(144,000)	

B工事

仮	(72,000)	
機	(144,000)	

(3)

仮設部門費

個	114,000	A	(120,000)
補	(81,000)	B	(72,000)
	(—)	差	(3,000)

機械部門費

個	228,000	A	(144,000)
補	(54,000)	B	(144,000)
差	(6,000)		(—)

補助部門費

個	132,000	仮	(81,000)
差	(3,000)	機	(54,000)
	(—)		(—)

A工事

仮	(120,000)	
機	(144,000)	

B工事

仮	(72,000)	
機	(144,000)	

解説

(1) 補助部門個別費を各施工部門に実際配賦し、各施工部門費を各工事に実際配賦するケース

① 補助部門個別費の各施工部門への配賦（実際配賦）

仮設部門、機械部門の補助部門の用役消費量は、それぞれ300時間、200時間なので、

$$\frac{132{,}000\text{円}}{300\text{時間}+200\text{時間}} \times \begin{cases} 300\text{時間} = 79{,}200\text{円……仮設部門} \\ 200\text{時間} = 52{,}800\text{円……機械部門} \end{cases}$$

この結果、

仮設部門費：114,000円＋79,200円＝193,200円

機械部門費：228,000円＋52,800円＝280,800円　となります。

② 各施工部門費の各工事への配賦（実際配賦）

仮設部門費

$$\frac{193{,}200\text{円}}{250\text{時間}+150\text{時間}}\times\begin{cases}250\text{時間}=120{,}750\text{円}\cdots\cdots\text{A工事}\\150\text{時間}=\ \ 72{,}450\text{円}\cdots\cdots\text{B工事}\end{cases}$$

機械部門費

$$\frac{280{,}800\text{円}}{400\text{時間}+400\text{時間}}\times\begin{cases}400\text{時間}=140{,}400\text{円}\cdots\cdots\text{A工事}\\400\text{時間}=140{,}400\text{円}\cdots\cdots\text{B工事}\end{cases}$$

(2) 補助部門個別費を各施工部門に実際配賦し、各施工部門費を各工事に予定配賦するケース

① 補助部門個別費の各施工部門への配賦（実際配賦）

$$\frac{132{,}000\text{円}}{300\text{時間}+200\text{時間}}\times\begin{cases}300\text{時間}=79{,}200\text{円}\cdots\cdots\text{仮設部門}\\200\text{時間}=52{,}800\text{円}\cdots\cdots\text{機械部門}\end{cases}$$

この結果、

仮設部門費：114,000円＋79,200円＝193,200円

機械部門費：228,000円＋52,800円＝280,800円　となります。

② 各施工部門費の各工事への配賦（予定配賦）

仮設部門費

@480円/時間×250時間＝120,000円……A工事

@480円/時間×150時間＝ 72,000円……B工事

機械部門費

@360円/時間×400時間＝144,000円……A工事

@360円/時間×400時間＝144,000円……B工事

③ 各施工部門費の予定配賦額と実際発生額との差額（配賦差異）の計算

仮設部門費：(120,000円＋ 72,000円)－193,200円＝△1,200円（借方差異）

機械部門費：(144,000円＋144,000円)－280,800円＝ 7,200円（貸方差異）

(3) 補助部門個別費を各施工部門に予定配賦し、各施工部門費を各工事に予定配賦するケース

① 補助部門個別費の各施工部門への配賦（予定配賦）

@270円/時間×300時間＝81,000円……仮設部門

@270円/時間×200時間＝54,000円……機械部門

② 各施工部門費の各工事への配賦（予定配賦）

仮設部門費

@480円/時間×250時間＝120,000円……A工事

@480円/時間×150時間＝ 72,000円……B工事

機械部門費

@360円/時間×400時間＝144,000円……A工事

@360円/時間×400時間＝144,000円……B工事

③ 各施工部門費の予定配賦額と実際発生額との差額（配賦差異）の計算

仮設部門費：(120,000円＋ 72,000円)－(114,000円＋81,000円)＝△3,000円（借方差異）

機械部門費：(144,000円＋144,000円)－(228,000円＋54,000円)＝ 6,000円（貸方差異）

④ 補助部門個別費の配賦差異の算定

(81,000円＋54,000円)－132,000円＝3,000円（貸方差異）

解答 22

	(1) 固定予算		(2) 変動予算	
	金　額	記　号	金　額	記　号
工事間接費配賦差異	125,000円	B	125,000円	B
予　算　差　異	100,000円	A	35,000円	B
操　業　度　差　異	225,000円	B	90,000円	B

解説

本問では、まず、配賦基準となる就業時間を算定します。

<table>
<tr><td colspan="5">勤務時間</td></tr>
<tr><td colspan="4">就業時間</td><td>休憩・職場離脱時間</td></tr>
<tr><td colspan="3">実働時間</td><td>手待時間</td><td></td></tr>
<tr><td colspan="2">直接作業時間</td><td>間接作業時間</td><td colspan="2"></td></tr>
<tr><td>加工時間</td><td>段取時間</td><td colspan="3"></td></tr>
</table>

就業時間＝加工時間＋段取時間＋間接作業時間＋手待時間
　　　　＝6時間＋0.5時間＋0.25時間＋0.25時間
　　　　＝7時間

40人×7時間×20日＝5,600時間

○　予定配賦率の算定

$$\frac{8{,}400{,}000\text{円}}{5{,}600\text{時間}} = 1{,}500\text{円}/\text{時間}$$

○　工事間接費配賦額

1,500円/時間×5,450時間＝8,175,000円

(1)　**固定予算による配賦差異の算定**

工事間接費配賦差異

8,175,000円－8,300,000円＝△125,000円（不利差異）

予 算 差 異

8,400,000円－8,300,000円＝100,000円（有利差異）

操業度差異

1,500円/時間×5,450時間－8,400,000円＝△225,000円（不利差異）

上記の内容を図に表すと、次のようになります。

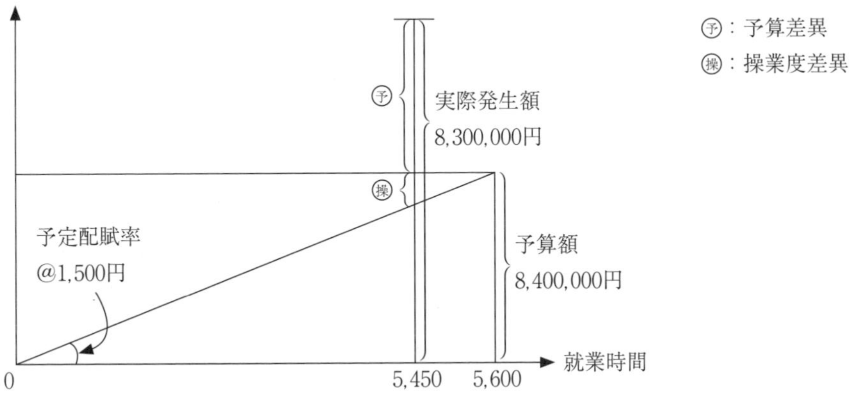

(2) **変動予算による配賦差異の算定**

予定配賦率の算定

変動費率：$\frac{5{,}040{,}000\text{円}}{5{,}600\text{時間}}$ = 900円/時間

固定費率：$\frac{3{,}360{,}000\text{円}}{5{,}600\text{時間}}$ = 600円/時間

予定配賦率＝変動費率＋固定費率

＝900円/時間＋600円/時間

＝1,500円/時間

工事間接費配賦額

1,500円/時間×5,450時間＝8,175,000円

工事間接費配賦差異

8,175,000円－8,300,000円＝△125,000円（不利差異）

予算差異

900円/時間×5,450時間＋3,360,000円－8,300,000円＝△35,000円（不利差異）

操業度差異

600円/時間×（5,450時間－5,600時間）＝△90,000円（不利差異）

上記の内容を図に表すと、次のようになります。

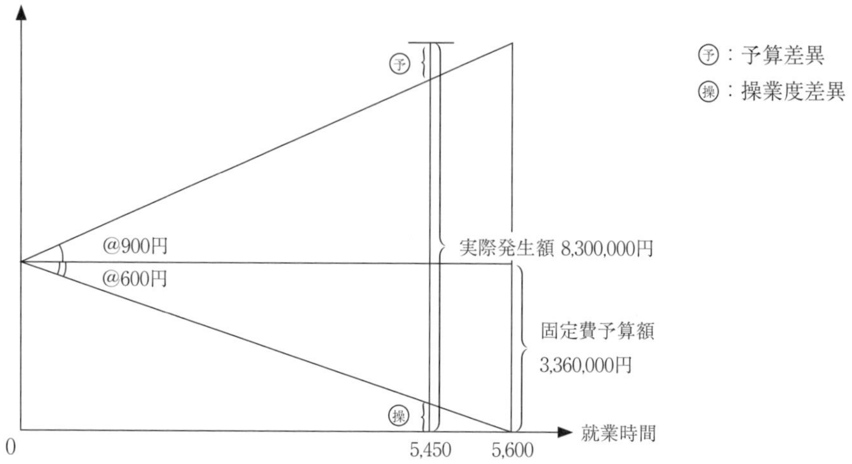

固定予算でも変動予算でも、工事間接費配賦差異の金額は同じとなります。ただし、その構成要素である予算差異、操業度差異の金額が異なってきます。

解答 23

〔問１〕

機械部門機種別予算表

（単位：円）

費　　目	合　　計	配賦基準	A機種センター	B機種センター	C機種センター
個　別　費					
減価償却費	1,325,600	―	420,800	393,500	511,300
修　繕　費	123,450	―	42,000	58,000	23,450
燃　料　費	437,640	―	215,400	150,400	71,840
給料手当	1,388,210	―	687,300	345,860	355,050
個別費計	3,274,900		1,365,500	947,760	961,640
共　通　費					
消耗品費	105,400	従業員数	52,700	21,080	31,620
福利厚生費	555,500	従業員数	277,750	111,100	166,650
賞与引当金	762,300	従業員数	381,150	152,460	228,690
租税公課	211,300	機械簿価	84,520	84,520	42,260
家　　賃	300,000	使用面積	60,000	100,000	140,000
雑　　費	72,600	予定運転時間	28,380	25,080	19,140
共通費計	2,007,100		884,500	494,240	628,360
合　　計	5,282,000		2,250,000	1,442,000	1,590,000
予定運転時間			430時間	380時間	290時間
使用率/時間			@5,232	@3,794	@5,482

〔問２〕

201工事配賦額：1,884,004円

202工事配賦額：1,460,300円

203工事配賦額：1,828,666円

解説

〔問１〕

① まず、解答用紙の予算表に、資料からすぐに読み取れる数字を入れます。
個別費の金額すべて、共通費の合計金額そして配賦基準を正確に記入します。

② 共通費を配賦します。

$$\frac{\text{共通費予算額}}{\text{配賦基準}}\times\text{各センターごとの基準数値}=\text{各センターごとの共通費配賦額}$$

③ ＡＢＣの各機種センターの、個別費と共通費を合計して、月間予算総額を算出した後、機械運転１時間あたり使用率を算出します。なお、円位未満切捨てという端数処理の指示には十分注意してください。

$$\text{使用率}=\frac{\text{月間予算総額}}{\text{センターごとの月間機械運転時間}}$$

Ａ：2,250,000円÷430時間≒5,232円／h

Ｂ：1,442,000円÷380時間≒3,794円／h

Ｃ：1,590,000円÷290時間≒5,482円／h

〔問２〕

201工事：	5,232円/h×182時間	＋	3,794円/h×130時間	＋	5,482円/h×80時間	＝	1,884,004円
202工事：	5,232円/h×111時間	＋	3,794円/h×83時間	＋	5,482円/h×103時間	＝	1,460,300円
203工事：	5,232円/h×157時間	＋	3,794円/h×147時間	＋	5,482円/h×82時間	＝	1,828,666円
	↑ A		↑ B		↑ C		

解答 24

(1)

車両費率算定表

(単位：円)

費目	合計	配賦基準	車両A	車両B	車両C
個別費					
燃料費	208585	—	56,567	63,150	88,868
減価償却費	720000	—	222,123	200,340	297,537
租税公課	118489	—	68,009	30,400	20,080
修繕費	187493	—	110,090	39,444	37,959
個別費計	1234567		456789	333334	444444
共通費					
油脂関係費	114480	予定走行距離	34800	21280	58400
消耗品費	108000	車両重量	30000	24000	54000
福利厚生費	120000	関係人員	36000	18000	66000
雑費	144000	減価償却費	44425	40068	59507
共通費計	486480		145225	103348	237907
合計	1721047		602014	436682	682351
予定走行距離			8,700km	5,320km	14,600km
車両費率			@ 69.20	@ 82.08	@ 46.74

(2) 25号工事の車両費配賦額 12269 円

解説

本問は社内センター制度による車両の使用率（車両費率）の算定の問題です。個別費については、単に合計数値を記入し、共通費については、指定の配賦基準によって配賦し記入するオーソドックスな問題です。

1．共通費

(1) 油脂関係費〈車両A〉：$\dfrac{114{,}480\text{円}}{8{,}700\text{km}+5{,}320\text{km}+14{,}600\text{km}} \times 8{,}700\text{km} = 34{,}800\text{円}$

〈車両B〉：〃 × 5,320km＝21,280円

〈車両C〉：〃 ×14,600km＝58,400円

(2) 消 耗 品 費〈車両A〉：$\dfrac{108{,}000\text{円}}{5\,\text{t}+4\,\text{t}+9\,\text{t}}\times 5\,\text{t}=30{,}000\text{円}$

〈車両B〉：　〃　× 4 t = 24,000円

〈車両C〉：　〃　× 9 t = 54,000円

(3) 福利厚生費〈車両A〉：$\dfrac{120{,}000\text{円}}{6\text{人}+3\text{人}+11\text{人}}\times 6\text{人}=36{,}000\text{円}$

〈車両B〉：　〃　× 3 人 = 18,000円

〈車両C〉：　〃　×11人 = 66,000円

(4) 雑　　費〈車両A〉：$\dfrac{144{,}000\text{円}}{222{,}123\text{円}+200{,}340\text{円}+297{,}537\text{円}}\times 222{,}123=44{,}42\overset{5}{4}.6\text{円}$

〈車両B〉：　〃　× 200,340 = 40,068　円

〈車両C〉：　〃　× 297,537 = 59,507.4円

(5) 車両費率の算定：(個別費＋共通費) ÷ 予定走行距離 = 車両費率

〈車両A〉：(456,789円 + 145,225円) ÷ 8,700km = @69.$\overset{2}{1}\overset{0}{9}\overset{0}{7}$円

〈車両B〉：(333,334円 + 103,348円) ÷ 5,320km = @82.083円

〈車両C〉：(444,444円 + 237,907円) ÷ 14,600km = @46.7$\overset{4}{3}$6円

2. 25号工事車両費配賦額

〈車両A〉：@69.20円× 32km = 2,214.4円	→	2,214円
〈車両B〉：@82.08円× 20km = 1,641.6円	→	1,642円
〈車両C〉：@46.74円× 180km = 8,413.2円	→	8,413円
		12,269円

解答 25

〔問1〕

車両部門・車両別予算表

(単位：円)

費目	合計	配賦基準	車両A	車両B	車両C
個別費					
減価償却費	164,000	—	60,000	54,000	50,000
修繕費	704,000	—	256,000	288,000	160,000
燃料費	162,500	—	75,000	37,500	50,000
租税公課	120,000	—	40,000	40,000	40,000
賃借料	90,000	—	30,000	30,000	30,000
通行料	91,000	—	30,000	31,000	30,000
個別費計	1,331,500		491,000	480,500	360,000
共通費					
油脂関係費	310,000	予定走行距離	120,000	90,000	100,000
消耗品費	264,000	取得原価	96,000	108,000	60,000
福利厚生費	120,000	従業員数	48,000	32,000	40,000
雑費	69,000	従業員数	27,600	18,400	23,000
共通費計	763,000		291,600	248,400	223,000
合計	2,094,500		782,600	728,900	583,000
予定走行距離			6,000km	4,500km	5,000km
車両費率(円/km)			130.43	161.98	116.60

〔問2〕

(単位：円)

	(A) 予定走行距離による配賦額	(B) 実際走行距離による配賦額
150工事	725,370	744,823
151工事	752,913	747,969
152工事	616,207	654,739

解説

〔問１〕

⑴　個別費、共通費とも、すでに資料から読み取れるものは、予算表に記入します。

⑵　個別費のうち、各自推定金額については、以下のように正確に計算します。

①　減価償却費（月次予算を求めることから、$\frac{1}{12}$を乗じます）

A：3,200,000円 $\times 0.9 \times \frac{1}{4} \times \frac{1}{12} =$ 60,000円

B：3,600,000円 $\times 0.9 \times \frac{1}{5} \times \frac{1}{12} =$ 54,000円

C：2,000,000円 $\times 0.9 \times \frac{1}{3} \times \frac{1}{12} =$ 50,000円

②　修繕費は、取得原価の８％という指示に従って算出します。

③　燃料費

$$\left(100円/\ell \times \frac{走行距離}{1リットルあたり走行距離} \right)$$

A：100円 $\times \frac{6{,}000\text{km}}{8\text{km}} =$ 75,000円

B：100円 $\times \frac{4{,}500\text{km}}{12\text{km}} =$ 37,500円

C：100円 $\times \frac{5{,}000\text{km}}{10\text{km}} =$ 50,000円

⑶　共通費を配賦します。

$$\frac{共通費予算額}{配賦基準} \times 各センターごとの基準数値 = 各センターごとの共通費配賦額$$

⑷　ＡＢＣの各車両センターの個別費と共通費を合計して、月間予算総額を計算した後、車両走行１kmあたり使用率を算出します（小数点第３位以下四捨五入という端数処理の指示には十分注意してください）。

A：782,600円 ÷ 6,000km ≒ 130.43円

B：728,900円 ÷ 4,500km ≒ 161.98円

C：583,000円 ÷ 5,000km = 116.60円

〔問2〕

(A)

150工事：	130.43円×2,000km	＋	161.98円×1,500km	＋	116.60円×1,900km	＝725,370円
151工事：	130.43円×2,000km	＋	161.98円×1,850km	＋	116.60円×1,650km	＝752,913円
152工事：	130.43円×2,000km	＋	161.98円×1,150km	＋	116.60円×1,450km	＝616,207円

(B)

150工事：	130.43円×2,020km	＋	161.98円×1,550km	＋	116.60円×1,975km	≒744,823円
151工事：	130.43円×1,900km	＋	161.98円×1,900km	＋	116.60円×1,650km	＝747,969円
152工事：	130.43円×1,980km	＋	161.98円×1,350km	＋	116.60円×1,525km	≒654,739円
	↑ 車両A		↑ 車両B		↑ 車両C	

解答 26

①	供用１日あたり損料	3,210円
②	No.255現場配賦額	25,680円
③	No.256現場配賦額	32,100円
④	当月の損料差異	4,160円（有利）

解説

本問は、仮設材料の問題です。仮設材料とは、たとえば、建設工事用の足場、型枠、山留用材、ロープ、シート、危険防止用金網等の、工事の共通費をいいます（なお、社内損料計算は、仮設材料と建設機械があります）。

損料差異＝原価配賦額－実際発生額で計算されます（プラスの場合は有利差異、マイナスの場合は不利差異）。

※　損料計算は建設業独特のもので、毎年のように出題されています。特に注意すべき点なので、よく理解しておきましょう。

$$\text{供用1日あたり損料}=\frac{\text{1年あたりの（減価）償却費}+\text{年間維持修繕費}+\text{年間管理費}}{\text{年間標準供用日数}}$$

１年あたりの（減価）償却費：1,800,000円÷10年＝180,000円
年間維持修繕費：1,800,000円×19％＝342,000円
年間管理費：120,000円

$$\text{供用1日あたりの損料：}\frac{180{,}000\text{円}+342{,}000\text{円}+120{,}000\text{円}}{200\text{日}}=3{,}210\text{円}$$

工事現場配賦額

No.255現場配賦額：3,210円×８日＝25,680円
No.256現場配賦額：3,210円×10日＝32,100円
合　計　57,780円

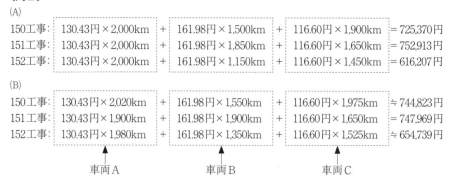

実際発生額

（減価）償却費：1,800,000円÷10年×$\frac{1\text{カ月}}{12\text{カ月}}$＝15,000円
修　繕　費：18,640円
管　理　費：19,980円
合　計　53,620円

損料差異：57,780円－53,620円＝＋4,160円（有利差異）
原価配賦額　実際発生額

解答 27

I工事現場配賦額	27882 円	
W工事現場配賦額	24784 円	
当月の損料差異	2583 円	記号（AまたはB） B

解説

本問は、仮設材料の損料計算の問題です。なお、基礎データで管理費とだけ書いてあれば通常年間管理費を意味します。

$$\text{供用1日あたり損料}=\frac{\text{1年あたりの（減価）償却費}+\text{年間維持修繕費}+\text{年間管理費}}{\text{年間標準供用日数}}$$

1年あたりの（減価）償却費：3,000,000円×90％÷6年＝450,000円
年間維持修繕費：3,000,000円×10％＝300,000円
年間管理費：24,500円

$$\text{供用1日あたり損料：}\frac{450{,}000\text{円}+300{,}000\text{円}+24{,}500\text{円}}{250\text{日}}=3{,}098\text{円}$$

現場配賦額
I現場配賦額：3,098円×9日＝27,882円
W現場配賦額：3,098円×8日＝24,784円
合　計　52,666円

実際発生額

（減価）償却費：3,000,000円×0.9÷6年×$\frac{1\text{カ月}}{12\text{カ月}}$＝37,500円
維持修繕費：8,518円
管　理　費：4,065円
合　計　50,083円

損料差異：52,666円－50,083円＝＋2,583円（有利差異）
原価配賦額　実際発生額

有利差異・不利差異はＡまたはＢで表すと指示があるため、解答欄の数字の前にはプラス・マイナスの記号は記入しません。

解答 28

運転１時間あたり損料	4375	円	
供用１日あたり損料	31625	円	
当月の損料差異	36660	円	記号（ＡまたはＢ） Ａ

解説

本問は、建設機械の損料計算の問題です。まず、構成要素別に分類してから、変動費と固定費に区分し、それぞれの性格をもった使用率を別に定めます。建設機械損料の構成要素には機械の減価償却費、維持修繕費、管理費があります。変動費となるのは、減価償却費の$\frac{1}{2}$と維持修繕費（メンテナンス費、修理費）です。固定費となるのは、減価償却費の残りの$\frac{1}{2}$と管理費（経常メンテナンス費）です。変動費には、運転１時間あたり損料を使用率として用い、固定費には、供用１日あたり損料を使用率として用います。

減価償却費の$\frac{1}{2}$
維持修繕費
→ 変動費（運転１時間あたり損料）

減価償却費の$\frac{1}{2}$
管理費
→ 固定費（供用１日あたり損料）

$$\text{運転1時間あたり損料}=\frac{\text{1年あたりの減価償却費}\times\frac{1}{2}+\text{年間維持修繕費}}{\text{年間標準運転時間}}$$

$$\text{供用1日あたり損料}=\frac{\text{1年あたりの減価償却費}\times\frac{1}{2}+\text{年間管理費}}{\text{年間標準供用日数}}$$

運転１時間あたり損料

減価償却費の半額：$90,000,000\text{円}\div 8\text{年}\times\frac{1}{2}=5,625,000\text{円}$

年間維持修繕費（＊）：90,000,000円×55％÷８年＝6,187,500円

（＊）予定使用全期間（８年）で取得原価の55％なので１年あたりの維持修繕費を求めます。

運転１時間あたり損料：$\frac{5,625,000\text{円}+6,187,500\text{円}}{2,700\text{時間}}=4,375\text{円}$

供用１日あたり損料

減価償却費の半額：$90,000,000\text{円} \div 8\text{年} \times \dfrac{1}{2} = 5,625,000\text{円}$

年　間　管　理　費：700,000円

供用１日あたり損料：$\dfrac{5,625,000\text{円} + 700,000\text{円}}{200\text{日}} = 31,625\text{円}$

損料差異

各工事現場配賦額

Ｖ　工　事　現　場：4,375円×100時間＋31,625円×10日＝　753,750円

Ｔ　工　事　現　場：4,375円×　95時間＋31,625円×５日＝　573,750円

合　計　1,327,500円

実際発生額

減価償却費（月間）：$90,000,000\text{円} \div 8\text{年} \times \dfrac{1\text{カ月}}{12\text{カ月}} = 937,500\text{円}$

維　持　修　繕　費：　255,450円

管　　理　　費：　171,210円

合　計　1,364,160円

損料差異：1,327,500円（原価配賦額）－1,364,160円（実際発生額）＝△36,660円（不利差異）

不利差異・有利差異はＡ、Ｂで表し、解答欄にはプラス・マイナスの記号は記入しません。

解答 29

運転１時間あたり損料	1000	円	
供用１日あたり損料	5200	円	
当月の損料差異	7600	円	記号（ＡまたはＢ）　A

解説

本問は、建設機械の損料計算の問題です。下記の公式にあてはめて、計算します。

$$\text{運転1時間あたり損料} = \frac{\text{1年あたりの減価償却費} \times \dfrac{1}{2} + \text{年間維持修繕費}}{\text{年間標準運転時間}}$$

$$\text{供用1日あたり損料} = \frac{\text{1年あたりの減価償却費} \times \dfrac{1}{2} + \text{年間管理費}}{\text{年間標準供用日数}}$$

(1) **運転１時間あたり損料**

① 減価償却費の半額：$15{,}000{,}000\text{円} \div 10\text{年} \times \frac{1}{2} = 750{,}000\text{円}$

② 年間維持修繕費：750,000円

③ 運転１時間あたり損料：$\frac{750{,}000\text{円} + 750{,}000\text{円}}{1{,}500\text{時間}} = 1{,}000\text{円}$

(2) **供用１日あたり損料**

① 減価償却費の半額：$15{,}000{,}000\text{円} \div 10\text{年} \times \frac{1}{2} = 750{,}000\text{円}$

② 年間管理費：550,000円

③ 供用１日あたり損料：$\frac{750{,}000\text{円} + 550{,}000\text{円}}{250\text{日}} = 5{,}200\text{円}$

(3) **損料差異**

① 各工事現場配賦額

№111　現　場	：1,000円×30時間＋5,200円×４日＝	50,800円
№112　現　場	：1,000円×45時間＋5,200円×８日＝	86,600円
	合　計	137,400円

② 実際発生額

減価償却費（月間）	：$15{,}000{,}000\text{円} \div 10\text{年} \times \frac{1\text{カ月}}{12\text{カ月}} =$	125,000円
修　繕　費	：	15,000円
管　理　費	：	5,000円
	合　計	145,000円

③ 損　料　差　異：137,400円－145,000円＝△7,600円（不利差異）

原価配賦額　実際発生額

不利差異・有利差異はＡ、Ｂで表し、解答欄にはプラス・マイナスの記号は記入しません。

解答 30

	正誤	理　由
①	○	
②	○	
③	×	社内損料計算制度の他に、社内センター制度もある。
④	×	工事契約に関する会計基準では適用されない。
⑤	×	減価償却費は、原則として、半分ずつ変動費と固定費に割り当てられる。
⑥	×	変動費の使用率は「運転１時間あたり損料」、固定費の使用率は「供用１日あたり損料」である。問題文は反対である。
⑦	○	
⑧	○	

解答 31

②、④が正しい。

	理　　　　　　由
①	材料費には、直接材料費のみでなく、共通仮設材料の損耗額も含む。
②	○
③	労務費の割合が高い外注費は、労務費として計上し、労務外注費として表示する。
④	○
⑤	間接費的な材料費や労務費も、経費に含む。
⑥	完成工事原価報告書の経費の内訳を必要とする人件費には従業員給料手当、退職金、福利厚生費、法定福利費等が含まれる。
⑦	この他に、福利厚生費、法定福利費も含む。

解答 32

記号	1	2	3	4	5	6	7	8
（ア～ソ）	コ	ケ	ス	ケ	エ	サ	イ	キ

（5、6は順不同）

解説

材料費、労務費、外注費、経費の費目別分類に関する問題です。建設業特有の分類に注意してください。

① 材料費

「工事のために直接購入した素材、半製品、製品、材料貯蔵品勘定から振り替えられた材料費（仮設材料の損耗額等を含む）」。よって、［1］は材料費になります。

② 労務費

「工事に従事した直接雇用の作業員に対する賃金、給料及び手当等、工種・工程別等の工事の完成を約する契約（外注費）での大部分が労務費であるものは、労務費に含めて記載することができる」。よって、［2］は労務費となります。また、技術や現場事務に携わる者は本来労務費ですが、建設業では経費とします。したがって［3］は経費となります。

③ 外注費

「工種・工程別等の工事について素材、半成品、製品等を作業とともに提供し、これを完成することを約する契約に基づく支払額。ただし、労務費に含めたものを除く」。よって［4］は労務費となります。

④ **経費（うち人件費）**

「経費のうち従業員給料手当、退職金、法定福利費及び福利厚生費」

一般の原価計算基準において法定福利費（健康保険料負担等）は労務費として扱います。

解答 33

〔問１〕「工事原価計算表」の作成

工事原価計算表

×1年10月次　　　　(単位：円)

	No.501	No.502	No.503	No.504	合　計
月初未成工事原価	(824,700)	(——)	(——)	(——)	(824,700)
当月発生工事原価					
材　料　費					
(1) 甲 材 料 費	(457,170)	(933,000)	(980,700)	(502,830)	(2,873,700)
(2) 乙 材 料 費	(1,108,800)	(2,059,200)	(2,203,200)	(1,008,000)	(6,379,200)
［材 料 費 計］	(1,565,970)	(2,992,200)	(3,183,900)	(1,510,830)	(9,252,900)
労　務　費					
(1) A 作 業 費	(412,500)	(594,000)	(693,000)	(577,500)	(2,277,000)
(2) B 作 業 費	(1,125,000)	(1,200,000)	(1,425,000)	(600,000)	(4,350,000)
［労 務 費 計］	(1,537,500)	(1,794,000)	(2,118,000)	(1,177,500)	(6,627,000)
外　注　費					
C 作 業 費	2,047,920	2,849,280	2,582,160	1,424,640	8,904,000
［外 注 費 計］	2,047,920	2,849,280	2,582,160	1,424,640	8,904,000
経　　費					
(1) 直接発生経費	(148,200)	(426,720)	(532,590)	(158,850)	(1,266,360)
(2) 共通職員人件費	(1,083,750)	(1,275,000)	(1,504,500)	(854,250)	(4,717,500)
(3) 仕上部門費	(585,000)	(624,000)	(741,000)	(312,000)	(2,262,000)
［経　費　計］	(1,816,950)	(2,325,720)	(2,778,090)	(1,325,100)	(8,245,860)
当月完成工事原価	(7,793,040)	(9,961,200)	(10,662,150)	(——)	(28,416,390)
月末未成工事原価	(——)	(——)	(——)	(5,438,070)	(5,438,070)

〔問２〕「完成工事原価報告書」の作成

完成工事原価報告書　　(単位：円)

Ⅰ. 材 料 費		7,971,570
Ⅱ. 労 務 費		5,610,300
Ⅲ. 外 注 費		7,704,360
Ⅳ. 経　　費		7,130,160
（うち人件費	4,666,920）	
合計		28,416,390

〔問３〕労務費賃率差異の計算

摘　　要	金　　額	記　号
賃　率　差　異	60,450円	B

〔問４〕工事間接費配賦差異の計算

摘　　要	金　　額	記　号
工事間接費配賦差異	75,000円	B
予　算　差　異	33,000円	B
操　業　度　差　異	42,000円	B

解説

〔問１〕「工事原価計算表」の作成

１．月初未成工事原価

合計額を計算表に記入します。

２．当月材料費に関する資料

⑴　甲材料（引当材料）

№502用、№503用および№504用は、問題文上の引当購入額を解答用紙に記入します。ただし、№501用は、残材額を引当購入額から控除することに注意します。

№501用：495,000円－37,830円＝457,170円

⑵　乙材料（常備材料）

予定価格に消費量を乗じた額を解答用紙に記入します。

３．当月労務費に関する資料

「原価計算表」への記入は、予定平均賃率を用いて、各工事別のＡ作業、Ｂ作業の作業時間に乗じて労務費を計算します。

４．当月外注費に関する資料

外注費は、解答用紙に記載済みです。

５．当月経費に関する資料

⑴　直接経費

各工事別に直接経費を集計し、解答用紙に記入します。ただし、従業員給料手当、法定福利費や福利厚生費は「完成工事原価報告書」の作成では人件費となります。

⑵　本社・現場共通職員人件費

①　人件費の按分

$$\frac{7{,}076{,}250\text{円}}{274\text{時間}+137\text{時間}} \times \begin{cases} 274\text{時間} = 4{,}717{,}500\text{円}\cdots\cdots\text{完成工事原価報告書} \\ 137\text{時間} = 2{,}358{,}750\text{円}\cdots\cdots\text{販売費及び一般管理費} \end{cases}$$

② 各工事の直接作業時間 (単位：時間)

	No.501	No.502	No.503	No.504	合　計
A　作　業	125	180	210	175	690
B　作　業	300	320	380	160	1,160
合　　計	425	500	590	335	1,850

たとえば、No.502は次のように計算します。

$$4{,}717{,}500\text{円} \times \frac{500\text{時間}}{1{,}850\text{時間}} = 1{,}275{,}000\text{円}$$

(3) 工事間接費（B作業仕上部門費）

① 予定配賦率の算定

$$900\text{円}/\text{時間} + \frac{15{,}120{,}000\text{円}}{14{,}400\text{時間}} = 1{,}950\text{円}/\text{時間}$$

② 各工事への配賦

労務費に関するデータに記載されているB作業時間にもとづいて各工事へ配賦します。

たとえば、No.504は次のように計算します。

1,950円/時間×160時間＝312,000円

〔問2〕「完成工事原価報告書」の作成 (単位：円)

	前月繰越	当　月　工　事　着　手　高			合　計
	No.501	No.501	No.502	No.503	
材　料　費	229,500	1,565,970	2,992,200	3,183,900	7,971,570
労　務　費	160,800	1,537,500	1,794,000	2,118,000	5,610,300
外　注　費	225,000	2,047,920	2,849,280	2,582,160	7,704,360
経　　　費	209,400	1,816,950	2,325,720	2,778,090	7,130,160
(人　件　費)	158,400	1,168,830	1,527,630	1,812,060	4,666,920
合　　　計	824,700	6,968,340	9,961,200	10,662,150	28,416,390

〔問3〕労務費賃率差異の計算

原価計算期間は、10/1～10/31なので、賃金支払期間（9/26～10/25）との誤差を修正します。ただし、本問においては10/26～10/31の期間における実際発生額（賃金支払額）が明示されていないので、問題文上の作業時間と予定平均賃率を用いて当該期間の未払賃金額を計算することになります。したがって、ここでいう賃率差異は、10/1～10/25の期間のものということになります。

(1) 10月分（9/26～10/25）の賃金支払額　　6,639,000円

(2) そのうち10/26～10/31の作業時間

A作業……120時間、B作業……200時間

(3) 9月末未払賃金額

① 10/1～10/25における賃金支払額

6,639,000円－1,097,550円＝5,541,450円

② 10/1～10/25における賃金配賦額

A作業：(　690時間－120時間)×3,300円/時間＝1,881,000円

B作業：(1,160時間－200時間)×3,750円/時間＝3,600,000円

合　計：　5,481,000円

したがって、賃率差異：5,481,000円－5,541,450円＝△60,450円（不利差異）

〔問4〕工事間接費予定配賦差異の計算

1,950円/時間×1,160時間－2,337,000円＝△75,000円（不利差異）

予算差異：$900\text{円}/\text{時間}\times 1{,}160\text{時間}+\dfrac{15{,}120{,}000\text{円}}{12\text{カ月}}-2{,}337{,}000\text{円}=\triangle 33{,}000\text{円}$（不利差異）

操業度差異：$\dfrac{15{,}120{,}000\text{円}}{14{,}400\text{時間}}\times\left(1{,}160\text{時間}-\dfrac{14{,}400\text{時間}}{12\text{カ月}}\right)=\triangle 42{,}000\text{円}$（不利差異）

解答 34

〔問１〕「工事原価計算表」の作成

工事原価計算表

×１年５月次

（単位：円）

	№601	№602	№603	№604	合　計
月初未成工事原価	(1,851,400)	(——)	(——)	(——)	(1,851,400)
当月発生工事原価					
Ⅰ．材　料　費					
(1)　A 材 料 費	(1,698,400)	(3,242,400)	(3,057,120)	(1,266,080)	(9,264,000)
(2)　B 材 料 費	(756,000)	(1,285,200)	(1,209,600)	(604,800)	(3,855,600)
(3)　仮設材料費	(0)	(573,600)	(608,400)	(272,000)	(1,454,000)
［材 料 費 計］	(2,454,400)	(5,101,200)	(4,875,120)	(2,142,880)	(14,573,600)
Ⅱ．労　務　費					
(1)　熟練作業員	(627,200)	(1,646,400)	(1,254,400)	(784,000)	(4,312,000)
(2)　非熟練作業員	(677,600)	(1,170,400)	(1,022,560)	(585,200)	(3,455,760)
［労 務 費 計］	(1,304,800)	(2,816,800)	(2,276,960)	(1,369,200)	(7,767,760)
Ⅲ．外　注　費					
(1)　X 作 業 費	1,385,600	3,588,000	3,073,600	987,600	9,034,800
(2)　Y 作 業 費	1,158,800	2,666,400	2,256,000	746,800	6,828,000
［外 注 費 計］	2,544,400	6,254,400	5,329,600	1,734,400	15,862,800
Ⅳ．経　　費					
(1)　直接発生経費	(408,000)	(835,600)	(740,800)	(339,600)	(2,324,000)
(2)　機械部門費	(1,772,800)	(3,545,600)	(2,659,200)	(1,243,200)	(9,220,800)
(3)　車両部門費	(852,120)	(1,590,840)	(1,172,880)	(907,200)	(4,523,040)
［経　費　計］	(3,032,920)	(5,972,040)	(4,572,880)	(2,490,000)	(16,067,840)
当月完成工事原価	(11,187,920)	(20,144,440)	(17,054,560)	(——)	(48,386,920)
月末未成工事原価	(——)	(——)	(——)	(7,736,480)	(7,736,480)

〔問２〕「完成工事原価報告書」の作成

完成工事原価報告書　（単位：円）

Ⅰ．材　料　費		12,891,720
Ⅱ．労　務　費		13,047,360
（うち労務外注費	6,254,000）	
Ⅲ．外　注　費		8,322,400
Ⅳ．経　　費		14,125,440
（う ち 人 件 費	1,342,720）	
合計		48,386,920

〔問３〕総消費価格差異およびNo.602、No.603工事に関する消費量差異の算定

摘　　要	金　　額	記　号
総消費価格差異	10,200円	A
消費量差異（No.602）	75,600円	A
消費量差異（No.603）	15,120円	B

解説

〔問１〕「工事原価計算表」の作成

1．月初未成工事原価

（482,000円－21,000円）＋394,800円＋448,000円＋547,600円＝1,851,400円

月初材料費から忘れずに仮設材料評価額を控除します。

2．当月材料費

(1)　A材料（引当材料）

購入額に材料副費を加算します。

例：No.602の場合

$$2{,}940{,}000\text{円}+864{,}000\text{円}\times\frac{2{,}940{,}000\text{円}}{8{,}400{,}000\text{円}\ (*)}=3{,}242{,}400\text{円}$$

（*）1,540,000円＋2,940,000円＋2,772,000円＋1,148,000円＝8,400,000円

（単位：円）

摘　　要	No.601	No.602	No.603	No.604	合　　計
購　入　額	1,540,000	2,940,000	2,772,000	1,148,000	8,400,000
材 料 副 費	158,400	302,400	285,120	118,080	864,000
合　　計	1,698,400	3,242,400	3,057,120	1,266,080	9,264,000

(2)　B材料（常備材料）

予定価格に当月工事別実際消費量を乗じます。

例：No.602工事の場合　@7,560円×170kg＝1,285,200円

当月における総消費価格差異の計算

（@7,560円－@7,580円）×（100kg＋170kg＋160kg＋80kg）＝△10,200円（不利差異）

不利差異が10,200円だけ生じます。ただし、解答上は、“A”を用いることに注意してください。

(3)　B材料に関する標準管理

No.602工事およびNo.603工事の消費量差異の算出

No.602工事：（8.0×20kg－170kg）×@7,560円＝△75,600円（不利差異）

No.603工事：（8.1×20kg－160kg）×@7,560円＝　15,120円（有利差異）

(4) 仮設材料（すくい出し方式）

（単位：円）

工事番号	No.601	No.602	No.603	No.604
投入額	前月投入済	864,000	748,000	272,000
評価額	21,000	290,400	139,600	工事未完了
差引	（注）	573,600	608,400	272,000

（注）No.601工事の評価額は、工事原価計算表上は、月初未成工事原価から控除します。

3．当月労務費

（単位：円）

工事番号	No.601	No.602	No.603	No.604
熟練作業員	627,200	1,646,400	1,254,400	784,000
非熟練作業員	677,600	1,170,400	1,022,560	585,200
当月労務費	1,304,800	2,816,800	2,276,960	1,369,200

たとえば、No.603工事の当月労務費は、次のように計算します。

@7,840円×160時間＋@6,160円×166時間＝2,276,960円

4．当月外注費

当月発生額については、「工事原価計算表」に記載されているので〔問１〕の解答上問題はないですが、〔問２〕「完成工事原価報告書」の作成に関しては、Y作業費を労務費に含め、（労務外注費）としてうち書きを示すことに注意します。

5．当月経費

(1) 直接発生経費

問題文に与えられている資料から解答欄に記入します。ただし、従業員給料、法定福利費および福利厚生費については、〔問２〕「完成工事原価報告書」の解答上、（うち人件費）として表示します。

(2) 機械部門費の配賦

（単位：円）

工事番号	No.601	No.602	No.603	No.604
固定費	736,000	1,472,000	1,104,000	552,000
変動費	1,036,800	2,073,600	1,555,200	691,200
配賦額	1,772,800	3,545,600	2,659,200	1,243,200

たとえば、No.602工事の機械部門費の配賦は、次のように計算します。

固定費

供用日数の合計：４日＋８日＋６日＋３日＝21日

$$3{,}864{,}000\text{円} \times \frac{8\text{日}}{21\text{日}} = 1{,}472{,}000\text{円}$$

変動費

実際稼働時間の合計：30時間＋60時間＋45時間＋20時間＝155時間

$$5{,}356{,}800\text{円} \times \frac{60\text{時間}}{155\text{時間}} = 2{,}073{,}600\text{円}$$

(3) 車両部門費の配賦

① 車両部門予算の集計

(単位：円)

摘　　要	予 算 額	配賦基準	車 両 S	車 両 T
個　別　費	21,243,600	な　し	9,118,440	12,125,160
共　通　費				
消 耗 品 費	18,176,400	車両の重量	8,078,400	10,098,000
燃　料　費	9,720,000	予定走行距離	4,617,000	5,103,000
雑　　　費	5,486,400	指定按分率	2,194,560	3,291,840
合　　　計	54,626,400		24,008,400	30,618,000

② 配賦率の算定

車両S：24,008,400円÷5,700km＝@4,212円

車両T：30,618,000円÷6,300km＝@4,860円

③ 当月の工事別車両部門費

(単位：円)

工 事 番 号	No.601	No.602	No.603	No.604
車　両　S(円)	463,320	716,040	589,680	421,200
車　両　T(円)	388,800	874,800	583,200	486,000
合　　　計(円)	852,120	1,590,840	1,172,880	907,200

たとえば、No.604工事の車両部門費は、次のように計算します。

車両S：@4,212円×100km＝421,200円

車両T：@4,860円×100km＝486,000円

〔問2〕「完成工事原価報告書」の作成

(単位：円)

	前月繰越	当月工事着手高			合　計
	No.601	No.601	No.602	No.603	
材　料　費	461,000	2,454,400	5,101,200	4,875,120	12,891,720
労　務　費	567,600	2,463,600	5,483,200	4,532,960	13,047,360
(労務外注費)	172,800	1,158,800	2,666,400	2,256,000	6,254,000
外　注　費	275,200	1,385,600	3,588,000	3,073,600	8,322,400
経　　　費	547,600	3,032,920	5,972,040	4,572,880	14,125,440
(人　件　費)	58,000	265,560	537,640	481,520	1,342,720
合　　計	1,851,400	9,336,520	20,144,440	17,054,560	48,386,920

〔問3〕原価差異の計算

〔問1〕の解説を参照してください。

解答 35

〔問１〕「工事原価計算表」の作成

工事原価計算表

×１年６月次

(単位：円)

	No.701	No.702	No.703	No.704	合計
月初未成工事原価	(241,840)	(——)	(——)	(——)	(241,840)
当月発生工事原価					
Ⅰ. 材料費					
(1) 甲材料費	(176,400)	(275,520)	(124,320)	(295,680)	(871,920)
(2) 乙材料費	(139,200)	(290,000)	(174,000)	(324,800)	(928,000)
(3) 仮設材料費	(0)	(52,800)	(15,200)	(49,600)	(117,600)
[材料費計]	(315,600)	(618,320)	(313,520)	(670,080)	(1,917,520)
Ⅱ. 労務費					
(1) 熟練作業員	(235,200)	(494,400)	(153,600)	(412,800)	(1,296,000)
(2) 非熟練作業員	(180,000)	(273,600)	(86,400)	(367,200)	(907,200)
[労務費計]	(415,200)	(768,000)	(240,000)	(780,000)	(2,203,200)
Ⅲ. 外注費					
(1) A工事費	123,120	168,480	84,240	142,560	518,400
(2) B工事費	302,400	319,200	134,400	336,000	1,092,000
[外注費計]	425,520	487,680	218,640	478,560	1,610,400
Ⅳ. 経費					
(1) 直接発生経費	(36,640)	(125,520)	(33,840)	(129,200)	(325,200)
(2) 仕上部門費	(126,720)	(229,120)	(71,680)	(240,640)	(668,160)
(3) 共通発生経費	(31,800)	(74,200)	(10,600)	(95,400)	(212,000)
[経費計]	(195,160)	(428,840)	(116,120)	(465,240)	(1,205,360)
当月完成工事原価	(1,593,320)	(2,302,840)	(——)	(2,393,880)	(6,290,040)
月末未成工事原価	(——)	(——)	(888,280)	(——)	(888,280)

〔問２〕「完成工事原価報告書」の作成

完成工事原価報告書　(単位：円)

Ⅰ. 材料費		1,648,400
Ⅱ. 労務費		2,488,480
(うち労務外注費	455,920)	
Ⅲ. 外注費		1,000,800
Ⅳ. 経費		1,152,360
(うち人件費	171,360)	
合計		6,290,040

〔問３〕労務費賃率差異の計算

摘　　要	金　　額	記　　号
労務費賃率差異	720円	A

〔問４〕仕上部門費配賦差異の計算

摘　　要	金　　額	記　　号
仕上部門費配賦差異	33,360円	B
予　算　差　異	6,000円	B
操　業　度　差　異	27,360円	B

解説

〔問１〕「工事原価計算表」の作成

１．月初未成工事原価

合計額から仮設材料評価額を控除して解答用紙に記入します。ただし、「完成工事原価報告書」の作成にあたっては、外注費に含まれる労務費および経費に含まれる人件費について注意してください。

２．当月材料費

(1)　甲材料費（引当材料）

引当購入額に５％を加算して解答用紙に記入します。

例：No.702工事の場合

262,400円×（１＋0.05）＝275,520円

(2)　乙材料費（常備材料）

予定消費価格に消費量を乗じて各工事の額を計算します。

例：No.703工事の場合

1,160円×150kg＝174,000円

(3)　仮設材料費

No.701工事については、評価額部分を「工事原価計算表」上の月初未成工事原価の欄から控除します。他方、No.702工事、No.704工事については、当月工事着手・当月完成引渡分なので、「工事原価計算表」上の当月材料費の欄から評価額部分を控除します。

３．当月労務費

熟練作業員、非熟練作業員により、適用される予定平均賃率が異なるので、それぞれの賃率を用いて各工事の作業時間を乗じて各工事の労務費を算定していきます。

４．当月外注費

Ａ工事、Ｂ工事それぞれの各工事における発生額は解答用紙に記入されています。ただし、「完成工事原価報告書」の作成にあたり、Ａ工事発生額に関しては、労務外注費として労務費に含めることを注意する必要があります。

5．当月経費

(1) 直接発生経費

問題文上、工事別に各費目ごとに表されているので、これを集計し、解答用紙に転記します。ただし、「完成工事原価報告書」の作成にあたり、従業員給料手当、法定福利費および福利厚生費に関しては、人件費に含まれるので集計の際、注意してください。

(2) 仕上部門費

① 予定配賦率の算定

$$112円 + \frac{403{,}200円}{2{,}800時間} = @256円$$

② 各工事への配賦

たとえば、№704工事の場合、次のように計算します。

256円×（430作業時間＋510作業時間）＝240,640円

各工事ごとのX工事作業時間については、問題文中「3．当月の労務費に関する資料」において、熟練作業員と非熟練作業員とに分けて記載されています。そこで、両者の合計を含め、この作業時間を予定配賦率に乗じて、各工事ごとの配賦額を把握します。

(3) 共通発生経費

発生額212,000円を、問題文中の配賦割合に応じて各工事に負担させていきます。

たとえば、№701工事の場合、次のように計算します。

212,000円×15％＝31,800円

〔問2〕「完成工事原価報告書」の作成

（単位：円）

	前月繰越	当月工事着手高			合計
	№701	№701	№702	№704	
材料費	44,400	315,600	618,320	670,080	1,648,400
労務費	91,120	538,320	936,480	922,560	2,488,480
（うち労務外注費）	21,760	123,120	168,480	142,560	455,920
外注費	43,200	302,400	319,200	336,000	1,000,800
経費	63,120	195,160	428,840	465,240	1,152,360
（人件費）	8,720	27,600	65,760	69,280	171,360
合計	241,840	1,351,480	2,302,840	2,393,880	6,290,040

〔問3〕労務費賃率差異の計算

予定配賦額

熟練作業員：960円×（245＋515＋160＋430）時間＝1,296,000円

非熟練作業員：720円×（250＋380＋120＋510）時間＝907,200円

合計：2,203,200円

実際支払高：2,202,480円

労務費賃率差異：720円（有利差異）

〔問４〕 仕上部門費配賦差異の分析

当月の実際工事作業時間：245時間＋515時間＋160時間＋430時間＋250時間
＋380時間＋120時間＋510時間＝2,610時間

基準作業時間：2,800時間

変動費率：直接作業１時間あたり@112円

固定費率: $\dfrac{403{,}200\text{円}}{2{,}800\text{時間}}$ ＝@144円

予定配賦率：@112円＋@144円＝@256円

仕上部門費配賦額：@256円×2,610時間＝668,160円

仕上部門費配賦差異：668,160円－701,520円＝△33,360円（不利差異）

予算差異：(@112円×2,610時間＋403,200円)－701,520円＝△6,000円（不利差異）

操業度差異：@144円×(2,610時間－2,800時間)＝△27,360円（不利差異）

上記の内容を図で表すと、次のようになります。

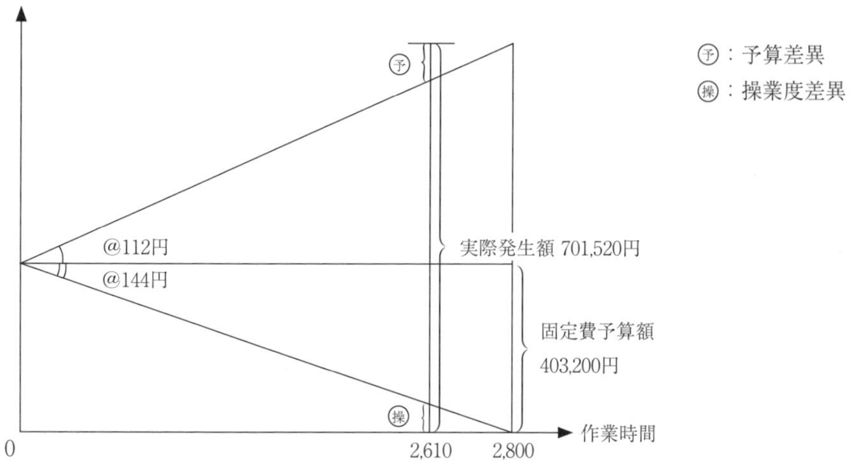

解答 36

工事完成基準は、完成工事高に対し最終的な完成工事原価を把握すればよく、工事進捗過程で工事原価を厳密に計算する必要はない。一方、工事進行基準を適用し、工事進捗度の計算に原価比例法を採用する場合は、工事進捗過程で逐次、工事原価の実際発生額を的確に把握する必要がある。そこで常時継続的に発生工事原価を適切に把握するシステムを保有し、内部統制組織と有機的に関係した原価計算制度を構築・維持する必要がある。 (200字以内)

解答 37

記号（AまたはB）	1	2	3
	B	B	A

解説

現在、工事契約に関する処理は「収益認識に関する会計基準」に示されています。ここでは、「収益認識に関する会計基準」によると正しくない「B」について解説します。

1.「工事契約」とは、仕事の完成に対して対価が支払われる請負契約のうち、土木、建築、造船や一定の機械装置の製造、受注制作のソフトウェア等、基本的な仕様や作業内容を顧客の指図に基づいて行うものをいいます。

2. 一定の期間にわたり充足される履行義務については、履行義務の充足に係る進捗度を見積り、当該進捗度に基づき収益を一定の期間にわたり認識します。

解答 38

⑴ 工事完成基準を採用している場合：34,440,000円

⑵ 工事進行基準を採用している場合：20,548,500円

解説

⑴ 工事完成基準の場合、当期に完成した工事の請負金額が工事完成高（収益）となります。よって、工事完成高は、A工事の34,440,000円です。

⑵ 工事進行基準の場合、原価比例法により当期の工事進捗度を計算し、その工事進捗度に応じた工事完成高（収益）を計上します。

① A工事

前期：$\frac{18{,}726{,}750\text{円}}{24{,}969{,}000\text{円}}$（＝0.75）×34,440,000円＝25,830,000円

当期：34,440,000円－25,830,000円＝8,610,000円

② B工事

前期：$\frac{7{,}428{,}400\text{円}}{21{,}224{,}000\text{円}}$（＝0.35）×26,530,000円＝9,285,500円

当期：$\frac{7{,}428{,}400\text{円}+9{,}550{,}800\text{円}}{21{,}224{,}000\text{円}}$（＝0.8）×26,530,000円＝21,224,000円

21,224,000円－9,285,500円＝11,938,500円

よって、当期の完成工事高（収益）は次のとおりになります。

8,610,000円（A工事）＋11,938,500円（B工事）＝20,548,500円

解答 39

(1) 平　均　法

月末仕掛品原価 602,000円

完 成 品 原 価 7,668,000円　　完成品単位原価@ 852.00円

(2) 先入先出法

月末仕掛品原価 554,251円

完 成 品 原 価 7,715,749円　　完成品単位原価@ 857.31円

解説

(1) 平均法

① 直接材料費

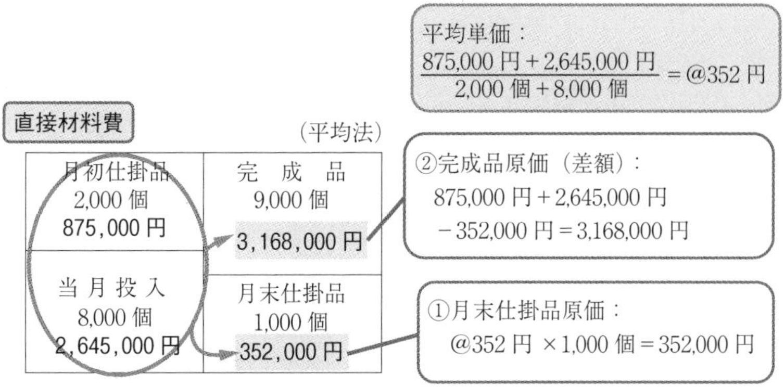

② 加工費

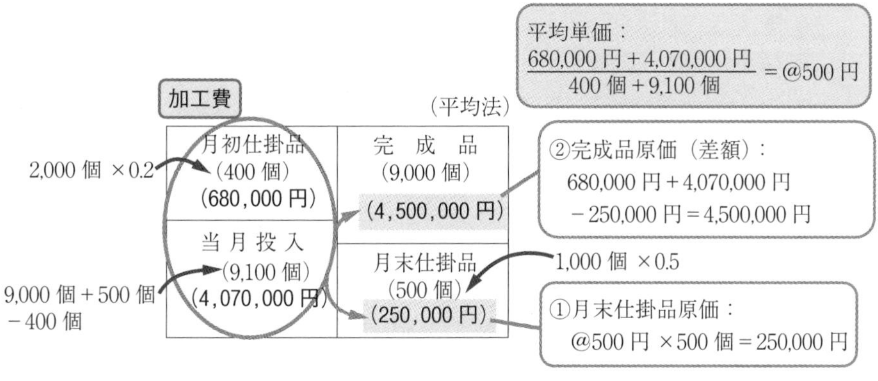

③　合　計

月末仕掛品原価：352,000円＋250,000円＝602,000円

完 成 品 原 価：3,168,000円＋4,500,000円＝7,668,000円

完成品単位原価：7,668,000円÷9,000個＝@852円

⑵　先入先出法

①　直接材料費

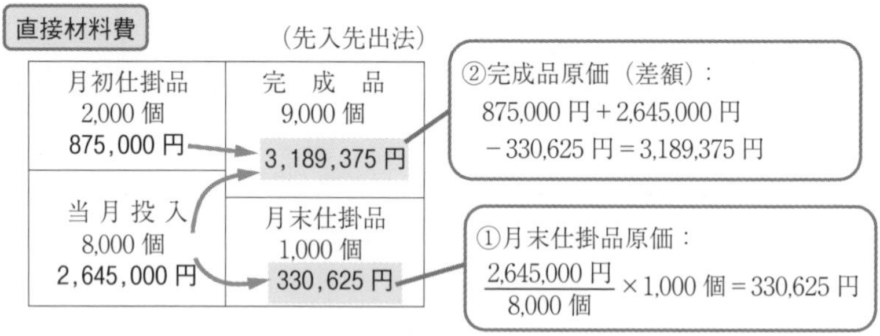

②　加工費

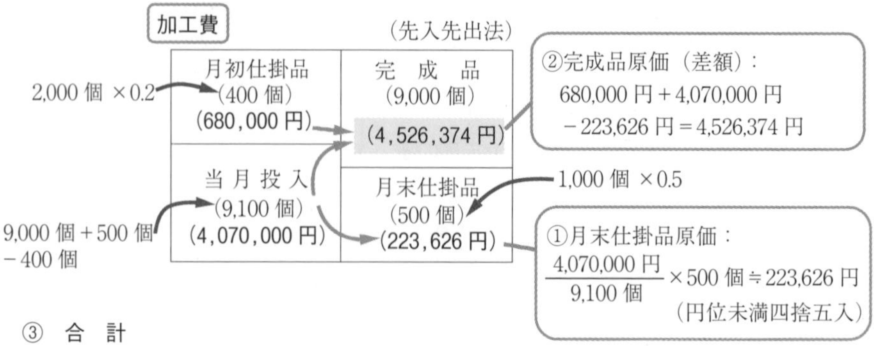

③　合　計

月末仕掛品原価：330,625円＋223,626円＝554,251円

完 成 品 原 価：3,189,375円＋4,526,374円＝7,715,749円

完成品単位原価：7,715,749円÷9,000個≒@857.31円（円位未満第3位四捨五入）

解答 40

	完成品原価	月末仕掛品原価
① 総合原価計算	15,425,970円	1,686,978円
② 個別原価計算	9,042,810円	8,070,138円

解説

総合原価計算においては、指図書に示された受注量のうち一部でも完成したものがあれば、それを完成品原価に振り替え、未完成分については月末仕掛品原価に含めます。他方、個別原価計算においては、指図書に示された受注量のすべてが完成するまでは、月末仕掛品原価に含められ、その一部のみを完成品原価とすることはありません。

まず、総合原価計算における原料費、作業費それぞれの完成品原価および月末仕掛品原価を計算します。そして、ここから個別原価計算によった場合の各原価への組替処理を行います。

1．原料費の計算

	①	②	③	④＝②×③	⑤＝①＋④
工事番号	完　成　量	月末仕掛品	原料費進捗率	月末仕掛品 完成品換算量	当月投入量
No.451	700kg	0 kg	1	0 kg	700kg
No.452	1,000kg	0 kg	1	0 kg	1,000kg
No.453	600kg	300kg	1	300kg	900kg
No.454	600kg	200kg	1	200kg	800kg

よって、

工事番号	完　成　品	月末仕掛品
No.451	1,720,950円	0円
No.452	2,458,500円	0円
No.453	1,475,100円	① 737,550円
No.454	② 1,475,100円	491,700円

当月投入量の合計

700kg＋1,000kg＋900kg＋800kg＝3,400kg

① No.453工事月末仕掛品原価

$$\frac{8{,}358{,}900\text{円}}{3{,}400\text{kg}} \times 300\text{kg} = 737{,}550\text{円}$$

② No.454工事完成品原価

$$\frac{8{,}358{,}900\text{円}}{3{,}400\text{kg}} \times 600\text{kg} = 1{,}475{,}100\text{円}$$

2．作業費の計算

	①	②	③	④＝②×③	⑤＝①＋④
工事番号	完　成　量	月末仕掛品	原料費進捗率	月末仕掛品 完成品換算量	当月投入量
No.451	700kg	0 kg	——	0 kg	700kg
No.452	1,000kg	0 kg	——	0 kg	1,000kg
No.453	600kg	300kg	0.4	120kg	720kg
No.454	600kg	200kg	0.2	40kg	640kg

よって、

工事番号	完　成　品	月末仕掛品
No.451	2,002,560円	0円
No.452	2,860,800円	0円
No.453	1,716,480円	343,296円
No.454	1,716,480円	114,432円

ここで、総合原価計算における完成品原価および月末仕掛品原価については、上記の表から算定することができます。

完成品原価

原料費：1,720,950円＋2,458,500円＋1,475,100円＋1,475,100円＝7,129,650円

作業費：2,002,560円＋2,860,800円＋1,716,480円＋1,716,480円＝8,296,320円

よって、7,129,650円＋8,296,320円＝15,425,970円

月末仕掛品原価

原料費：737,550円＋491,700円＝1,229,250円

作業費：343,296円＋114,432円＝457,728円

よって、1,229,250円＋457,728円＝1,686,978円

次に、個別原価計算における完成品原価および月末仕掛品原価を計算します。この場合、No.453、No.454工事については、全額が月末仕掛品原価となることに注意します。

完成品原価

原料費：1,720,950円＋2,458,500＝4,179,450円

作業費：2,002,560円＋2,860,800円＝4,863,360円

よって、4,179,450円＋4,863,360円＝9,042,810円

月末仕掛品原価

原料費：737,550円＋491,700円＋1,475,100円＋1,475,100円＝4,179,450円

作業費：343,296円＋114,432円＋1,716,480円＋1,716,480円＝3,890,688円

よって、4,179,450円＋3,890,688円＝8,070,138円

最後に総合原価計算、個別原価計算それぞれの解答について検算を行い、3者の一致を確認します。

総合原価計算：15,425,970円＋1,686,978円＝17,112,948円

個別原価計算：9,042,810円＋8,070,138円＝17,112,948円

原料費＋作業費：8,358,900円＋8,754,048円＝17,112,948円

解答 41

勘定科目	前期繰越高
仕掛品	284,160円
製品	3,376,500円

解説

個別原価計算から総合原価計算への変更時に必要となる会計処理に関する問題です。

個別原価計算においては各指図書ごとに集計された製造原価は、予定数量のすべてが完成するまでは仕掛品として処理されます。これに対し、総合原価計算においては、指図書とは無関係に実際の完成品・仕掛品に対応して製造原価が配分されます。したがって、個別原価計算から総合原価計算へ変更するときには、前者で仕掛品として計上されている原価のうち、完成している分があればこれを製品勘定へ振り替える必要があります。

1．個別原価計算での仕掛品に含まれる完成品分の製造原価の計算

完成品製造原価＝当期末仕掛品計上額－当期末仕掛品評価額
＝2,720,160円－（83,160円＋81,000円＋120,000円）
＝2,436,000円

前期繰越高の計算

・仕掛品勘定：83,160円＋81,000円＋120,000円＝284,160円
（または2,720,160円－2,436,000円＝284,160円）

・製品勘定：940,500円＋2,436,000円＝3,376,500円

解答 42

〔問１〕

（単位：個、円）

摘要	原料費		加工費		合計
	数量	金額	換算量	金額	
期首仕掛品	480	117,600	192	55,200	172,800
当期投入	5,160	1,382,640	5,208	1,672,800	3,055,440
計	5,640	1,500,240	5,400	1,728,000	3,228,240
期末仕掛品	600	159,600	360	115,200	274,800
完成品	5,040	1,340,640	5,040	1,612,800	2,953,440
単位原価	—	@266	—	@320	@586

振替差異　181,440円（不利）

〔問2〕

（単位：個、円）

摘　　要	前工程費		加　工　費		合　　計
	数　量	金　額	換算量	金　額	
当期投入	5,040	❶ 2,772,000	5,136	1,191,552	3,963,552
期末仕掛品	480	264,000	384	89,088	353,088
差　引	4,560	2,508,000	4,752	1,102,464	3,610,464
期首仕掛品	240	138,000	48	13,296	151,296
完　成　品	4,800	2,646,000	4,800	1,115,760	3,761,760
単位原価	—	@551.25	—	@232.45	@783.7

振替差異　174,240円（有利）

〔問3〕

（単位：個、円）

摘　　要	前工程費		加　工　費		合　　計
	数　量	金　額	換算量	金　額	
当期投入	4,800	❷ 3,936,000	4,824	1,090,224	5,026,224
期末仕掛品	240	196,800	144	32,544	229,344
差　引	4,560	3,739,200	4,680	1,057,680	4,796,880
期首仕掛品	600	494,160	480	113,640	607,800
完　成　品	5,160	4,233,360	5,160	1,171,320	5,404,680
単位原価	—	@820.42	—	@227	@1,047.42

解説

本問では、まず各工程間の原価の流れを把握します。

また、振替品に予定価格を用いているために、❶❷については、振替価額を使用している点に注意します。

第1工程、第2工程の振替差異は次のように計算します。

第1工程振替差異：@550円×5,040個－2,953,440円＝△181,440円（不利差異）

第2工程振替差異：@820円×4,800個－3,761,760円＝　174,240円（有利差異）

解答 43

	A組製品	B組製品
(1) 月末仕掛品原価	56,000円	39,200円
(2) 完 成 品 原 価	238,000円	132,000円
(3) 完成品単位原価	@29.75円	@22円

解説

まず、当月投入組間接費を各組製品に配賦してから、組製品ごとに総合原価計算を行います。

1．組間接費の配賦

A組製品：
B組製品：

$$\frac{129{,}000\text{円}}{1{,}000\text{時間}+720\text{時間}}\times\begin{cases}1{,}000\text{時間}=75{,}000\text{円}\\720\text{時間}=54{,}000\text{円}\end{cases}$$

2．A組製品原価の計算

当月投入加工費：78,000円＋75,000円＝153,000円

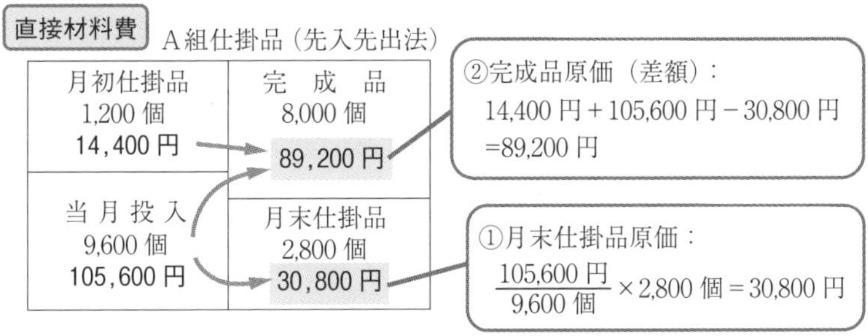

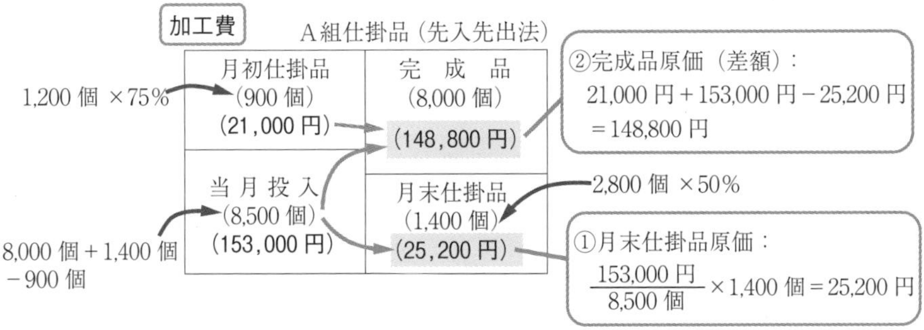

(1) **月末仕掛品原価**：30,800円＋25,200円＝56,000円

(2) **完 成 品 原 価**：89,200円＋148,800円＝238,000円

(3) **完成品単位原価**：238,000円÷8,000個＝@29.75円

3．Ｂ組製品原価の計算

当月投入加工費：30,800円＋54,000円＝84,800円

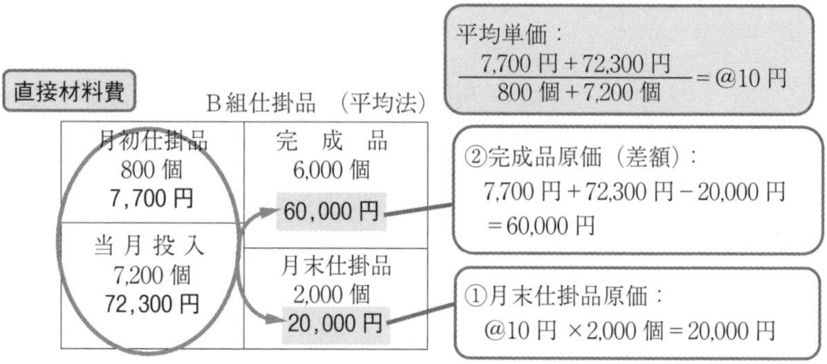

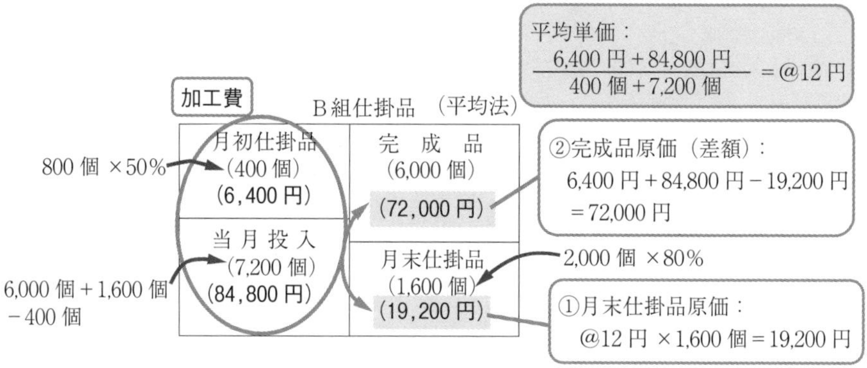

⑴ 月末仕掛品原価：20,000円＋19,200円＝39,200円

⑵ 完 成 品 原 価：60,000円＋72,000円＝132,000円

⑶ 完成品単位原価：132,000円÷6,000個＝@22円

解答 44

（単位：千円）

完成品原価	A	379,200
	B	109,440
	C	252,000
期末仕掛品原価		5,460

解説

本問は、単純総合原価計算に近い方法のうち、期末仕掛品には等価係数を加味しない（資料より加味できない）簡便法です。

合理的な方法としては、完成品だけでなく、期末仕掛品にも等価係数を適用します。しかし、本問のような方法も認められます。

この簡便法の特徴としては、次の２点があげられます。

① 等価係数を原価要素別に分別しない。

② 期首、期末の仕掛品原価を、各等級製品別に算定することはない。

仕掛品－材料費

450 個	31,875 個
31,725 個	300 個

仕掛品－加工費

360 個	31,875 個
31,635 個	120 個

(1) 通常の単純総合原価計算のように、まず完成品原価を計算します。ただし、期首仕掛品原価について、原価要素別の内訳が示されていないので、期末仕掛品の計算は、先入先出法しか採用できない点に注意します。

・材料費

$$\frac{475{,}875\text{千円}}{31{,}725\text{個}} \times \begin{cases} (31{,}875\text{個} - 450\text{個}) = 471{,}375\text{千円（当期投入分完成品原価）} \\ 300\text{個} = 4{,}500\text{千円（期末仕掛品）} \end{cases}$$

・加工費

$$\frac{253{,}080\text{千円}}{31{,}635\text{個}} \times \begin{cases} (31{,}875\text{個} - 360\text{個}) = 252{,}120\text{千円（当期投入分完成品原価）} \\ 120\text{個} = 960\text{千円（期末仕掛品）} \end{cases}$$

・完成品原価

471,375千円＋252,120千円＋17,145千円＝740,640千円

・期末仕掛品原価

4,500千円＋960千円＝5,460千円

(2) 完成品原価を各製品に按分します（各製品ごとの積数を使用します）。

$$\frac{740{,}640\text{千円}}{\underbrace{11{,}850\text{個}}_{A} + \underbrace{4{,}275\text{個} \times 0.8}_{B} + \underbrace{15{,}750\text{個} \times 0.5}_{C}} \times \begin{cases} 11{,}850\text{個} = 379{,}200\text{千円} \quad A \\ 3{,}420\text{個} = 109{,}440\text{千円} \quad B \\ 7{,}875\text{個} = 252{,}000\text{千円} \quad C \end{cases}$$

解答 45

〔問１〕

（単位：円）

	A級品	B級品
完成品原価	24,130,800	29,904,840
完成品単位原価	@6,703.00	@4,746.80
月末仕掛品原価	6,131,160	6,882,120

〔問２〕

（単位：円）

	A級品	B級品
完成品原価	24,322,500	29,709,330
完成品単位原価	@6,756.25	@4,715.77
月末仕掛品原価	6,184,350	6,832,740

解説

〔問１〕

① 単純総合原価計算に近い方法では、アウトプットの段階で原価を按分します。また月末仕掛品にも等価係数を加味することから、各アウトプットの数量（完成品と月末仕掛品）について等価係数を乗じて積数を計算しておきます。

A　級　品

360（ 216）	3,600
4,320（4,104）	1,080（720）

B　級　品

900（ 360）	6,300
7,200（6,840）	1,800（900）

アウトプットに注目！

〈原料費〉

A級品	完　成　品	：3,600	→	3,600
	月末仕掛品	：1,080	→	1,080
B級品	完　成　品	：6,300	→	5,040
	月末仕掛品	：1,800	→	1,440
				11,160

〈加工費〉

A級品	完　成　品	：3,600	→	3,600
	月末仕掛品	：720	→	720
B級品	完　成　品	：6,300	→	3,780
	月末仕掛品	：900	→	540
				8,640

② 平均法ということから、積数に応じて（月初仕掛品原価＋当月製造費用）との合計額を按分します。

〈原料費〉

$$\frac{958{,}050\text{円}+1{,}696{,}950\text{円}+37{,}800{,}000\text{円}}{11{,}160}\times\left\{\begin{array}{ll}3{,}600=13{,}050{,}000\text{円(完)} & \\ 1{,}080=\ \ 3{,}915{,}000\text{円(末)} & \text{A級品}\\ 5{,}040=18{,}270{,}000\text{円(完)} & \\ 1{,}440=\ \ 5{,}220{,}000\text{円(末)} & \text{B級品}\end{array}\right.$$

〈加工費〉

$$\frac{626{,}400\text{円}+522{,}720\text{円}+25{,}444{,}800\text{円}}{8{,}640}\times\left\{\begin{array}{ll}3{,}600=11{,}080{,}800\text{円(完)} & \\ 720=\ \ 2{,}216{,}160\text{円(末)} & \text{A級品}\\ 3{,}780=11{,}634{,}840\text{円(完)} & \\ 540=\ \ 1{,}662{,}120\text{円(末)} & \text{B級品}\end{array}\right.$$

③ 原料費と加工費を合計すれば、それぞれの金額が計算できます。

A級品　完 成 品 原 価：13,050,000円＋11,080,800円＝24,130,800円
　　　　月末仕掛品原価： 3,915,000円＋ 2,216,160円＝ 6,131,160円
　　　　完成品単位原価：24,130,800円÷3,600＝@6,703円

B級品　完 成 品 原 価：18,270,000円＋11,634,840円＝29,904,840円
　　　　月末仕掛品原価： 5,220,000円＋ 1,662,120円＝ 6,882,120円
　　　　完成品単位原価：29,904,840円÷6,300＝@4,746.8円

〔問２〕

① 組別総合原価計算に近い方法では、インプットの段階で原価を按分します。つまり、当月の製造費用をまずA級品とB級品に按分し、その後各等級製品ごとに、完成品と月末仕掛品を計算します。

本問は、平均法なので、各等級製品ごとの製造費用と月初仕掛品原価との合計を、完成品と月末仕掛品として計算することになります。つまり、この方法は、当月の製造費用を等級製品ごとに按分してしまうという意味において、組別総合原価計算に近い方法であるといっています)。

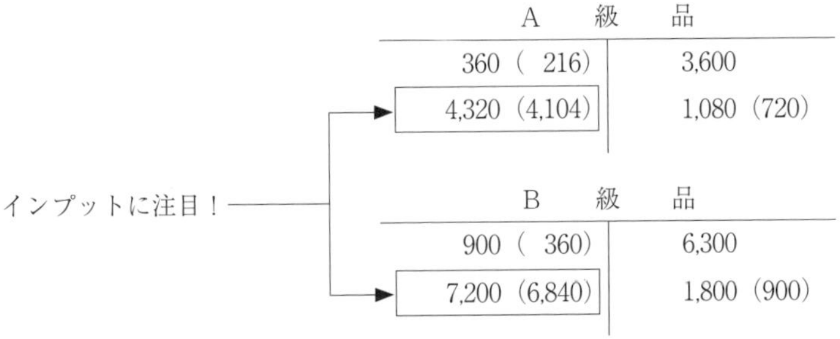

インプットの段階で原価を按分することから、当月投入量に等価係数を乗じて積数を計算してから求めることになります。

〈原料費〉

$$\frac{37{,}800{,}000\text{円}}{4{,}320 + 7{,}200 \times 0.8} \times \begin{cases} 4{,}320 = 16{,}200{,}000\text{円}\ (\text{A級品}) \\ 5{,}760 = 21{,}600{,}000\text{円}\ (\text{B級品}) \end{cases}$$

〈加工費〉

$$\frac{25{,}444{,}800\text{円}}{4{,}104 + 6{,}840 \times 0.6} \times \begin{cases} 4{,}104 = 12{,}722{,}400\text{円}\ (\text{A級品}) \\ 4{,}104 = 12{,}722{,}400\text{円}\ (\text{B級品}) \end{cases}$$

② A級品とB級品ごとに、完成品原価、月末仕掛品原価を求めます。

〈A級品〉

$$\text{原料費：}\frac{958{,}050\text{円} + 16{,}200{,}000\text{円}}{3{,}600 + 1{,}080} \times \begin{cases} 3{,}600 = 13{,}198{,}500\text{円} \\ 1{,}080 = 3{,}959{,}550\text{円} \end{cases}$$

$$\text{加工費：}\frac{626{,}400\text{円} + 12{,}722{,}400\text{円}}{3{,}600 + 720} \times \begin{cases} 3{,}600 = 11{,}124{,}000\text{円} \\ 720 = 2{,}224{,}800\text{円} \end{cases}$$

完成品原価：13,198,500円＋11,124,000円＝24,322,500円

月末仕掛品原価： 3,959,550円＋ 2,224,800円＝ 6,184,350円

完成品単位原価：24,322,500円÷3,600＝@6,756.25円

〈B級品〉

$$\text{原料費：}\frac{1{,}696{,}950\text{円} + 21{,}600{,}000\text{円}}{6{,}300 + 1{,}800} \times \begin{cases} 6{,}300 = 18{,}119{,}850\text{円} \\ 1{,}800 = 5{,}177{,}100\text{円} \end{cases}$$

$$\text{加工費：}\frac{522{,}720\text{円} + 12{,}722{,}400\text{円}}{6{,}300 + 900} \times \begin{cases} 6{,}300 = 11{,}589{,}480\text{円} \\ 900 = 1{,}655{,}640\text{円} \end{cases}$$

完成品原価：18,119,850円＋11,589,480円＝29,709,330円

月末仕掛品原価： 5,177,100円＋ 1,655,640円＝ 6,832,740円

完成品単位原価：29,709,330円÷6,300＝@4,715.76$\overset{7}{6}$…円

解答 46

（単位：円）

摘要	甲製品		乙製品	
	材料費	加工費	材料費	加工費
月初仕掛品原価	203,850	50,526	187,740	43,908
当月製造費用	1226700	582894	965700	301782
合計	1430550	633420	1153440	345690
月末仕掛品原価	138720	16560	142560	22770
当月完成品原価	1291830	616860	1010880	322920

解説

等級別総合原価計算に関する出題です。解答用紙の形式から本問では、組別総合原価計算に近い計算方法が採用されていることがわかります。本試験では、問題文に条件が明確に指示されない場合もあるので、問題と解答用紙をじっくり見て妥当な処理方法を考えます。

1．当月製造原価の各製品への按分計算

当月製造費用の按分に際して、材料費・加工費とも当月着手品数量または換算量に等価係数を加味した数値に応じて按分します。

⑴　材料費の計算

$$\text{甲製品：}\frac{2{,}192{,}400\text{円}}{846\text{個}+888\text{個}\times 0.75}\times 846\text{個}=1{,}226{,}700\text{円}$$

$$\text{乙製品：}\frac{2{,}192{,}400\text{円}}{846\text{個}+888\text{個}\times 0.75}\times 888\text{個}\times 0.75=965{,}700\text{円}$$

⑵　加工費の計算

$$\text{甲製品：}\frac{884{,}676\text{円}}{846\text{個}+876\text{個}\times 0.5}\times 846\text{個}=582{,}894\text{円}$$

$$\text{乙製品：}\frac{884{,}676\text{円}}{846\text{個}+876\text{個}\times 0.5}\times 876\text{個}\times 0.5=301{,}782\text{円}$$

2．月末仕掛品原価の計算

当月製造費用が按分された後は問題の指示にしたがい、平均法による通常の単純総合原価計算を各製品について行います。

⑴　**甲製品月末仕掛品原価の計算**

$$\text{材料費}\ (203{,}850\text{円}+1{,}226{,}700\text{円})\times\frac{96\text{個}}{894\text{個}+96\text{個}}=138{,}720\text{円}$$

$$\text{加工費}\ (50{,}526\text{円}+582{,}894\text{円})\times\frac{96\text{個}\times 0.25}{894\text{個}+96\text{個}\times 0.25}=16{,}560\text{円}$$

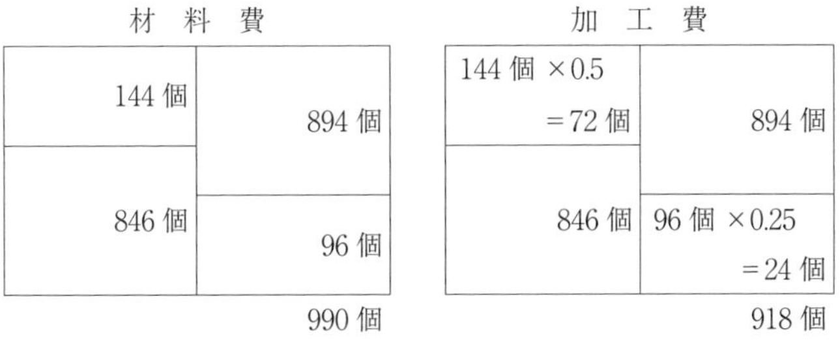

⑵　**乙製品月末仕掛品原価の計算**

$$\text{材料費}\ (187{,}740\text{円}+965{,}700\text{円})\times\frac{132\text{個}}{936\text{個}+132\text{個}}=142{,}560\text{円}$$

$$\text{加工費}\ (43{,}908\text{円}+301{,}782\text{円})\times\frac{132\text{個}\times 0.5}{936\text{個}+132\text{個}\times 0.5}=22{,}770\text{円}$$

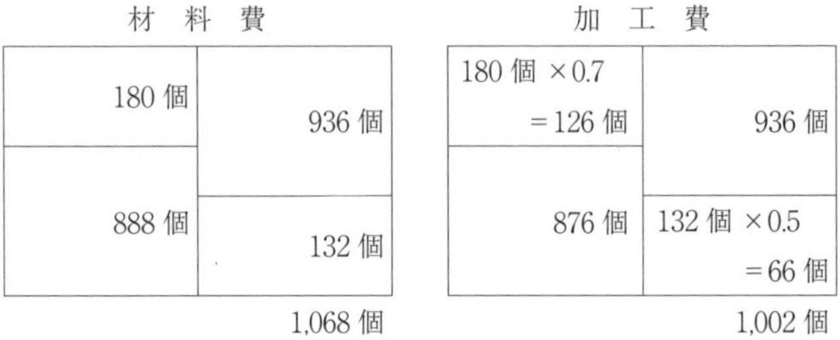

解答 47

	完成品原価	単位原価
A　製　品	128,390円	347円
B　製　品	118,800円	270円

解説

連産品原価の計算問題です。

連産品原価の計算では、分離点以前の連結原価の按分と分離点後の個別費を区別して計算する必要があります。

連結原価を各連産品に按分する方法としては、生産量を基準とする方法と正常市価を基準とする方法がありますが、本問では後者が採用されています。

1．積数の計算

A製品：(555円 − 35円) × 370kg = 192,400円

B製品：450円 × 440kg = 198,000円

2．結合原価の按分

A製品：$234{,}240\text{円} \times \dfrac{192{,}400\text{円}}{192{,}400\text{円} + 198{,}000\text{円}} = 115{,}440\text{円}$

B製品：$234{,}240\text{円} \times \dfrac{198{,}000\text{円}}{192{,}400\text{円} + 198{,}000\text{円}} = 118{,}800\text{円}$

3．完成品原価の計算

A製品：115,440円 + (35円 × 370kg) = 128,390円

4．単位原価の計算

A製品：128,390円 ÷ 370kg = @347円

B製品：118,800円 ÷ 440kg = @270円

解答 48

製品名	(1)　生産量基準	(2)　正常市価基準
A	14,000,000円	13,375,000円
B	3,800,000円	2,675,000円
C	6,200,000円	7,950,000円

解説

(1)　**生産量基準**

①　連結原価の配賦

$$\frac{18{,}000{,}000\text{円}}{200{,}000\text{kg}+60{,}000\text{kg}+100{,}000\text{kg}}\times\begin{cases}200{,}000\text{kg}=10{,}000{,}000\text{円}\cdots\cdots\text{製品A}\\ 60{,}000\text{kg}=\ 3{,}000{,}000\text{円}\cdots\cdots\text{製品B}\\ 100{,}000\text{kg}=\ 5{,}000{,}000\text{円}\cdots\cdots\text{製品C}\end{cases}$$

②　売上原価の算定

製品A：10,000,000円＋　4,000,000円＝14,000,000円

製品B：　3,000,000円＋　　800,000円＝　3,800,000円

製品C：　5,000,000円＋（1,600,000円－400,000円）＝6,200,000円

(2)　**正常市価基準**

①　連結原価の配賦

製　品	製品の正常販売金額		分離点後の正常個別費		
A	120円/kg×200,000kg	－	4,000,000円	＝	20,000,000円
B	80円/kg×　60,000kg	－	800,000円	＝	4,000,000円
C	160円/kg×100,000kg	－	1,600,000円	＝	14,400,000円
	44,800,000円		6,400,000円		38,400,000円

$$\frac{18{,}000{,}000\text{円}}{38{,}400{,}000\text{円}}\times\begin{cases}20{,}000{,}000\text{円}=9{,}375{,}000\text{円}\\ 4{,}000{,}000\text{円}=1{,}875{,}000\text{円}\\ 14{,}400{,}000\text{円}=6{,}750{,}000\text{円}\end{cases}$$

②　売上原価の算定

製品A：9,375,000円＋4,000,000円＝13,375,000円

製品B：1,875,000円＋800,000円＝2,675,000円

製品C：6,750,000円＋（1,600,000円－400,000円）＝7,950,000円

連結原価は、各種の連産品に共通して発生する原価であって、製品Aにいくら、製品Bにいくら、製品Cにいくらというように、各製品ごとに発生する原価というわけではありません。したがって、どのような配賦基準を適用したとしても、不正確な計算である以上、連結

原価を正確に各連産品へ配賦することは不可能です。

もし本問のようにすべての連産品が販売されてしまえば、連結原価を各製品へ配賦する必要はなくなります。連結原価を各製品に配賦する必要が生じるのは、会計期末に連産品の在庫があった場合に、その在庫品の評価を行って貸借対照表を作成するとともに、売上原価を算定して損益計算書を作成する必要があるからです。この場合、連結原価の各製品の配賦は、その配賦結果が不正確になることを承知の上で実施します。

解答 49

(1)	371,250		円
(2)	副 産 物	6,000	円
	作 業 屑	1,000	円

解説

作業屑、副産物の問題では、評価額をどのタイミングで製造原価から控除するかが重要となります。その際には、次のように進捗度を考慮することになります。

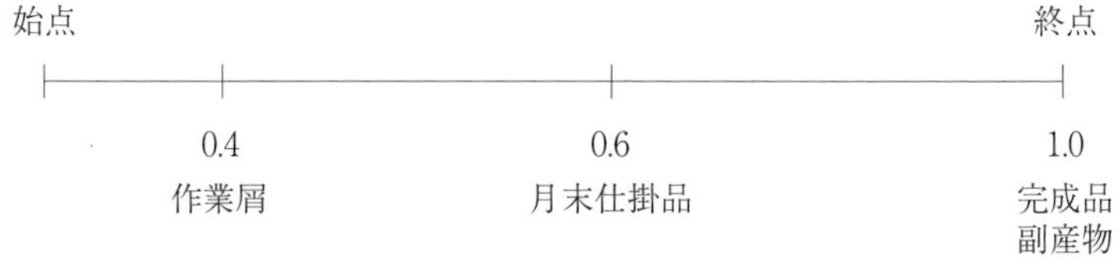

A．副産物・作業屑の進捗度≦月末仕掛品の進捗度

→月末仕掛品を計算する前の当月製造費用から差し引きます。

B．副産物・作業屑の進捗度＞月末仕掛品の進捗度

→月末仕掛品を控除後の当月製造費用から差し引きます。

本問では、副産物はB、作業屑はAです。

1．作業屑の評価額：@20円×50kg＝1,000円

2．月末仕掛品原価の計算（作業屑評価額：1,000円）

$$\text{材料費：}\ \frac{124{,}750\text{円} - \boxed{1{,}000\text{円}}}{(4{,}500 - 250 + 200) + 500} \times 500 = 12{,}500\text{円（月末仕掛品原価）}$$

$$\text{加工費：}\ \frac{242{,}500\text{円}}{(4{,}500 - 150 + 200) + 300} \times 300 = 15{,}000\text{円（月末仕掛品原価）}$$

3．副産物の評価額：@30円×200kg＝6,000円

4．完成品原価

15,000円＋23,500円＋124,750円－1,000円＋242,500円－（12,500円＋15,000円）－6,000円

＝371,250円

解答 50

事前原価計算の種類には、期間対象の事前原価計算として予算原価計算があり、工事対象の事前原価計算として、見積原価計算、予算原価計算、標準原価計算がある。

解答 51

予算の編成段階においては、工事実行予算は建設現場の作業管理者も参加した達成可能目標原価が中心であるため、動機づけコントロールの機能を有する。また工事進行中には工事実行予算は定期的な原価集計と報告により、日常的コントロールの機能を果たすため、責任会計制度をより一層効果的に進める手段となる。

（200字以内）

解説

工事実行予算は、多様な機能を果たすことが要求されますが、これを次のようにまとめることができます。

(1) 内部指向コスト・コントロールのスタートとなります。積算にもとづく見積原価段階はあくまでも対外的受注促進活動の一環ですが、工事実行予算は建設現場の作業管理者も「参加」した達成可能な目標原価を中心としたものでなければなりません。この意味で、実行予算の編成段階は、動機づけコスト・コントロールであり、コントロール活動の出発点となります。

(2) 利益計画の具体的達成を果たす基礎となります。利益計画およびその統制は、通常、期間予算を中心に展開されますが、その達成を可能にするのは、建設業の場合、個々の工事による個別利益の積み重ね以外にありません。総合的利益計画とのバランスを十分に意識して個別工事の利益目標を確定していくことが大切です。

(3) 責任会計制度を効果的に進める手段となります。実行予算は、管理責任区分と明確に対応したコスト別に編成されるべきで、個別工事での達成目標は、さらに各セクションに細分化してコントロールしていかなければなりません。

解答 52

〔問 1 〕

車両部門予算表

×3年度

(単位：円)

摘要	予算額	配賦基準	車両X	車両Y
個別費	2,114,980		1,372,960	742,020
共通費				
消耗品費	333,900	車両の重量	155820	178080
油脂関係費	160,320	予定走行距離	93120	67200
福利厚生費	126,000	関係人員数	56000	70000
雑費	97,400	均分	48700	48700
共通費計	717,620		353640	363980
合計	2,832,600		1726600	1106000
予定走行距離			9700 km	7000 km
車両費率			@178	@158

工 事 原 価 計 算 表

×4年1月次　　　　　(単位：円)

工事番号 摘　要	No.51	No.52	No.53	No.54	合　計
月初未成工事原価	938510	61490	——	——	1000000
当月発生工事原価					
1. 材 料 費					
(1) 甲材料費	54000	1196000	557000	156400	1963400
(2) 乙材料費	225000	342000	375000	22500	964500
(3) 仮設材料費	0	222400	305000	34460	561860
[材料費計]	279000	1760400	1237000	213360	3489760
2. 労 務 費					
MUSET作業費	66000	748000	1210000	162800	2186800
3. 外 注 費	39,140	574,060	716,800	71,460	1,401,460
4. 経　　費					
(1) 機械部門費	17082	171226	56242	0	244550
(2) 車両部門費	10712	141588	103268	27312	282880
(3) その他の経費	1,500	7,440	17,060	10,640	36,640
[経費計]	29294	320254	176570	37952	564070
当月完成工事原価	1351944	3464204	3340370	——	8156518
月末未成工事原価	——	——	——	485572	485572

〔問3〕

総消費価格差異	45010	円	記号（AまたはB）	A
No.52工事消費量差異	3000	円	記号（AまたはB）	B
No.53工事消費量差異	22500	円	記号（AまたはB）	A

解説

本問は、「車両部門予算表」を作成し、「工事原価計算表」を完成させる問題です。

〔問1〕「車両部門予算表」の作成

予定配賦に採用する車両部門予算表については、すでに個別費は確定しているので、共通費を指定の配賦基準によって配賦し、車両XとYの予算を計算します。年間予定走行距離は、Xが9,700km、Yが7,000kmなので、1kmあたりのコストが車両費率となります。

消 耗 品 費

車 両 X：$\dfrac{333{,}900\text{円}}{14\,\text{t}+16\,\text{t}}\times 14\,\text{t}=155{,}820\text{円}$

車 両 Y：　　〃　　$\times 16\,\text{t}=178{,}080\text{円}$

油脂関係費

車 両 X：$\dfrac{160{,}320\text{円}}{9{,}700\text{km}+7{,}000\text{km}}\times 9{,}700\text{km}=93{,}120\text{円}$

車 両 Y：　　〃　　$\times 7{,}000\text{km}=67{,}200\text{円}$

福利厚生費

車 両 X：$\dfrac{126{,}000\text{円}}{8\text{人}+10\text{人}}\times 8\text{人}=56{,}000\text{円}$

車 両 Y：　　〃　　$\times 10\text{人}=70{,}000\text{円}$

雑　　費

車 両 X：97,400円×0.5＝48,700円

車 両 Y：　　〃　　＝　〃

車両費率の算定：（個別費＋共通費）÷予定走行距離＝車両費率

〈車両X〉：（1,372,960円＋353,640円）÷9,700km＝178円

〈車両Y〉：（　742,020円＋363,980円）÷7,000km＝158円

〔問２〕「工事原価計算表」の完成

１．材料費について

(1) 引当材料については、当月購入額を記入します。

(2) 常備材料については、予定価格（750円）と実際消費量を掛け合わせます。

No.51：@750円×300kg＝225,000円

No.52：　〃　×456kg＝342,000円

No.53：　〃　×500kg＝375,000円

No.54：　〃　×　30kg＝　22,500円

(3) 仮設材料については、すくい出し方式なので、仮設材料評価額を控除します。

No.51：仮設材料なし

No.52：247,400円－25,000円＝222,400円

No.53：344,000円－39,000円＝305,000円

No.54：　34,460円－　　　0円＝　34,460円

２．労務費について

予定平均賃率（2,200円）と実際作業時間を掛け合わせます。

No.51：@2,200円×　30時間＝　　66,000円

No.52：　　〃　　×340時間＝　748,000円

No.53：　　〃　　×550時間＝1,210,000円

No.54：　　〃　　×　74時間＝　162,800円

3．経費について

(1) 機械部門費の配賦

	固　定　費	変　動　費	合　計
No.51：	@3,541円× 2日＝ 7,082円	@125円× 80時間＝10,000円	17,082円
No.52：	〃 ×36日＝127,476円	〃 ×350時間＝43,750円	171,226円
No.53：	〃 ×12日＝ 42,492円	〃 ×110時間＝13,750円	56,242円
No.54：	〃 × 0日＝ 0円	〃 × 0時間＝ 0円	0円

※　固定費率：177,050円÷（2日＋36日＋12日）＝@3,541円

変動費率：67,500円÷（80時間＋350時間＋110時間）＝@125円

(2) 車両部門費の配賦

問1で求めた車両部門費率すなわち車両X 178円、Y 158円を使用して車両使用実績に掛け合わせて、各工事の車両部門費を算出します。

	車　両　X	車　両　Y	合　計
No.51：	@178円× 30km＝ 5,340円	@158円× 34km＝ 5,372円	10,712円
No.52：	〃 ×396km＝70,488円	〃 ×450km＝71,100円	141,588円
No.53：	〃 ×376km＝66,928円	〃 ×230km＝36,340円	103,268円
No.54：	〃 × 70km＝12,460円	〃 × 94km＝14,852円	27,312円

〔問3〕各工事に共通する材料の消費をコントロールするためには、標準管理が適しています。この場合、価格差異を工事別に把握しても意味がありません。計算過程は次のとおりです。

総消費価格差異

（@750円－@785円）×1,286kg（総消費量）＝△45,010円（不利差異・A）

No.52工事消費量差異

（9.2×50kg－456kg）×@750円＝3,000円（有利差異・B）

No.53工事消費量差異

（9.4×50kg－500kg）×@750円＝△22,500円（不利差異・A）

解答 53

	金　　額	記　　号
作業時間差異	9,000円	―
賃　率　差　異	11,400円	―

解説

@1,840円	賃率差異 − 11,400円	
@1,800円	標準原価 504,000円	作業時間差異 − 9,000円
	280時間	285時間

① 標準原価の算定

1tあたりの作業に要する作業時間は、20時間であり、№11工事現場における同作業は14tなので、

14t × 20時間 = 280時間

これに予定賃率を乗じて、

280時間 ×@1,800円 = 504,000円

② 原価差異の算定

504,000円 − 524,400円 = △20,400円（不利差異）

作業時間差異

（280時間 − 285時間）×@1,800円 = △9,000円（不利差異）

賃率差異

285時間 ×（@1,800円 −@1,840円）= △11,400円（不利差異）

解答 54

	(1) 標準配賦額	(2) 配賦差異	
	金　　額	金　　額	記　号
〔問1〕	1,520,000円	62,550円	B
〔問2〕	1,568,000円	64,500円	B
〔問3〕	1,552,000円	10,000円	B

	(3)① 予算差異		(3)② 操業度差異		(3)③ 能率差異	
	金　　額	記　号	金　　額	記　号	金　　額	記　号
〔問1〕	9,450円	A	4,800円	B	67,200円	B
〔問2〕	37,500円	B	3,000円	B	24,000円	B
〔問3〕	17,800円	A	12,120円	B	15,680円	B

解説

まず、製品単位あたり標準工事間接費は、変動費と固定費を合計して、

@1,000円＋@600円＝@1,600円

となるので、これに完成品換算量（当月投入分）を乗じることにより、当月の標準工事間接費を求めることができます。

よって、本問においては、工事間接費の完成品換算量を正しく求めることができるかがポイントになります。

また、本問においては、能率差異は変動費および固定費の両方から生じるケースとなっていますが、変動費のみ（変動費率のみを計算に使用）の場合もあります。これについては、問題文をよく読んで判断してください。

〔問1〕

ここでは、月初、月末仕掛品のいずれも存在しないケースなので、完成品量＝当月投入換算量となります。

(1) 工事間接費配賦額

@1,600円×950個＝1,520,000円

または、(@200円＋@120円)×5時間×950個＝1,520,000円

(2) 工事間接費配賦差異

1,520,000円－1,582,550円＝△62,550円（不利差異）

(3)① 予算差異

@200円×4,960時間＋600,000円(＊)－1,582,550円＝9,450円（有利差異）

(＊) @120円×基準操業度5,000時間＝600,000円

② 操業度差異

@120円×(4,960時間－5,000時間)＝△4,800円（不利差異）

③ 能率差異

(@200円＋@120円)×(5時間×950個－4,960時間)＝△67,200円（不利差異）

〔問2〕

完成品換算量の計算

920個＋80個×75％＝980個

(1) 工事間接費配賦額

@1,600円×980個＝1,568,000円

または、(@200円＋@120円)×5時間×980個＝1,568,000円

(2) 工事間接費配賦差異

1,568,000円－1,632,500円＝△64,500円（不利差異）

(3)① 予算差異

@200円×4,975時間＋600,000円(＊)－1,632,500円＝△37,500円（不利差異）

(＊) @120円×基準操業度5,000時間＝600,000円

② 操業度差異

@120円×(4,975時間－5,000時間)＝△3,000円（不利差異）

③ 能率差異

(@200円+@120円)×(5時間×980個－4,975時間)=△24,000円(不利差異)

〔問3〕

完成品換算量の計算

970個+50個×80%－80個×50%=970個

(1) 工事間接費配賦額

@1,600円×970個=1,552,000円

または、(@200円+@120円)×5時間×970個=1,552,000円

(2) 工事間接費配賦差異

1,552,000円－1,562,000円=△10,000円(不利差異)

(3)① 予算差異

@200円×4,899時間+600,000円(*)－1,562,000円=17,800円(有利差異)

(*) @120円×基準操業度5,000時間=600,000円

② 操業度差異

@120円×(4,899時間－5,000時間)=△12,120円(不利差異)

③ 能率差異

(@200円+@120円)×(5時間×970個－4,899時間)=△15,680円(不利差異)

解答 55

原価企画は設計段階で用いられる原価管理システムであるのに対して、原価維持と原価改善は製造段階や施工段階で用いられる原価管理システムである。そのため、設定される原価も原価企画では目標原価、原価維持では標準原価、原価改善では改善目標額となる。また、差異分析で比較される原価も原価企画では目標原価と見積原価、原価維持では標準原価と実際原価、原価改善では原価改善目標額と原価改善額・改善見積額となる。(200字以内)

解答 56

①	②	③	④	⑤	⑥
ア	カ	640	ウ	ク	1,310

(①と②、④と⑤は順不同)

解説

本問は品質原価の分類と増減を確認する問題です。

原価の分類と増減額は次のように計算できます（単位：万円）。

	×1年度	×5年度		増減額
不良品手直費	1,050	300	内部失敗原価	△750
建造物検査費	740	440	評価原価	△300
品質保証教育費	80	180	予防原価	+100
クレーム処理費	1,060	500	外部失敗原価	△560
受入資材検査費	40	70	評価原価	+30
工程改善費	640	1,450	予防原価	+810
品質保証活動費合計	3,610	2,940		△670

以上より、予防原価と評価原価は、640万円増加し、内部失敗原価と外部失敗原価は1,310万円節約されたことになります。

解答 57

特殊原価調査とは、将来の経営行動を選択する際に実施する意思決定原価に関する分析と調査の作業をいう。この特殊原価調査は、工場の新設可否といった長期的で構造的な問題から、特定注文の受注可否の決定といった短期的で業務的な問題まで、各種の特定の意思決定問題の解決や、建設素材に新素材を採用するか否かのための検討資料作成など、個別的に行われる計算と分析に活用する。

（200字以内）

解答 58

自製案のほうが、購入案に比べて、1,500,000円有利である。

解説

自製か購入かの意思決定では、部品をどのように調達するかの判断なので、収益（売上高）は関係しません。したがって、差額原価分析のみを行い、有利・不利の判断をします。

	自製案	購入案
部品B購入費		18,000,000円
直接材料費	3,000,000円	
直接労務費	4,500,000円	
変動製造間接費	6,500,000円	
固定製造間接費	2,500,000円	
合計	16,500,000円	18,000,000円

固定製造間接費のうち5,500,000円は埋没原価となるので、差額原価となる2,500,000円のみ計上します。

以上より、自製案のほうが購入案より原価が1,500,000円（＝16,500,000円－18,000,000円）低くなり、有利となります。

解答 59

〔問１〕 2.6 年

〔問２〕 66 万円

〔問３〕 7.8 ％

解説

〔問１〕 単純回収期間法

$$\text{単純回収期間} = \frac{1{,}300\text{万円}}{(500\text{万円} + 600\text{万円} + 400\text{万円}) \div 3} = 2.6\text{年}$$

〔問２〕 正味現在価値法

500万円×0.9524＋600万円×0.9070＋400万円×0.8638－1,300万円
＝65.92万円

したがって、正味現在価値は66万円となります。

〔問３〕 内部利益率法

(1) ７％のときの正味現在価値

500万円×0.9346＋600万円×0.8734＋400万円×0.8163－1,300万円
＝17.86万円

正味現在価値がプラスなので、内部利益率は７％より大きくなることがわかります。

(2) ８％のときの正味現在価値

500万円×0.9259＋600万円×0.8573＋400万円×0.7938－1,300万円
＝△5.15万円

正味現在価値がマイナスなので、内部利益率は８％より小さくなることがわかります。

(3) 補間法の適用

以上より、内部利益率が７％と８％の間にあることがわかります。

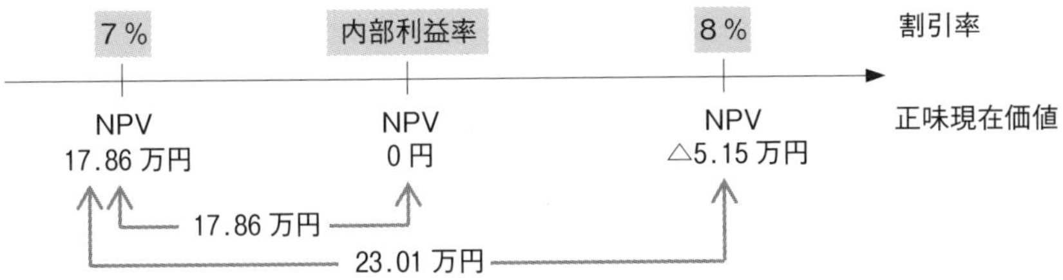

$$7\,\% + \frac{17.86\,\text{万円}}{23.01\,\text{万円}} = 7.77618\cdots\% \rightarrow 7.8\%$$

過去問題編

解答・解説

第32回　解答・解説

第1問　20点

解答にあたっては、各問とも指定した字数以内（句読点を含む）で記入すること。

●数字…予想配点

問1

実際原価計算制度には、費目別原価計算、部門別原価計算および製品別原価計算の３つの計算ステップがある。❹費目別原価計算とは、一定期間における原価要素を費目別に分類測定する手続きをいい、原価計算における第１次の計算段階である。❷部門別原価計算とは、費目別原価計算において把握された原価要素を、原価部門別に分類集計する手続きをいい、原価計算における第２次の計算段階である。❷製品別原価計算とは、原価要素を一定の製品単位に集計し、単位たる製品別原価を算定する手続きをいい、原価計算における第３次の計算段階である。❷

問2

標準原価には、状況や環境の変化に応じて改訂していく当座標準原価と、❷ひとたび設定してからは、これを指数的に固定化して使用していく基準標準原価がある。❷当座標準原価は、作業条件の変化や価格要素の変動を考慮して、毎期その改訂を検討していく標準原価である。これは原価管理目的ばかりでなく、棚卸資産評価や売上原価算定のためにも利用し得るもので、原価計算基準の立場の標準原価である。❸一方、基準標準原価は、経営の基本構造に変化のない限り改訂しないものであるから、一定水準とのすう勢的な比較を目的とした標準原価である。❸

解説

問1　実際原価計算制度の３つの計算ステップの説明

財務諸表作成目的のために実施される実際原価計算制度には、次の３つの計算ステップがあります。

原価の費目別計算　→　原価の部門別計算　→　原価の製品別（工事別）計算

『原価計算基準』 9・15・19ではそれぞれ次のように定義されています。

・原価の費目別計算とは、一定期間における原価要素を費目別に分類測定する手続をいい、財務会計における費用計算であると同時に、原価計算における第一次の計算段階である。

・原価の部門別計算とは、費目別計算においては握された原価要素を、原価部門別に分類集計する手続をいい、原価計算における第二次の計算段階である。

・原価の製品別計算とは、原価要素を一定の製品単位に集計し、単位製品の製造原価を算定する手続をいい、原価計算における第三次の計算段階である。

問2　標準原価の種類（改訂頻度の観点から）

標準原価の改訂については『原価計算基準』42「標準原価の改訂」において次のように定められています。

「標準原価は、原価管理のためにも、予算編成のためにも、また、たな卸資産価額および売上原価算定のためにも、現状に即した標準でなければならないから、常にその適否を吟味し、機械設備、生産方式等生産の基本条件ならびに材料価格、賃率等に重大な変化が生じた場合には、現状に即するようにこれを改訂する。」

ここで改訂頻度の観点から区分すると標準原価は、当座標準原価と基準標準原価の２種類をあげることができます。

当座標準原価とは、状況や環境の変化に応じて改訂していく標準原価であり、作業条件の変化や価格要素の変動を考慮して、毎期その改訂を検討していくものです。この当座標準原価は、原価管理目的に限らず、棚卸資産評価や売上原価算定のためにも利用されるもので、『原価計算基準』の立場の標準原価です。

一方、基準標準原価とは、ひとたび設定してからは、これを指数的に固定化して使用していく標準原価であり、経営の基本構造に変化のない限り改訂しないものであり、これは一定水準とのすう勢的な比較を目的としたものです。

第2問　10点

●数字…予想配点

記号（ア～タ）

1	2	3	4	5
キ	オ	サ	ク	ソ

各❷

解説

空欄個所を埋めると、次のような文章になります。

⑴　補助部門の**施工部門化**とは、補助経営部門が相当の規模になった場合に、これを独立した経営単位とし、部門別計算上、施工部門として扱うことと解釈される。

⑵　間接費の配賦に際して、数年という景気の１循環期間にわたってキャパシティ・コストを平均的に吸収させようとする考えで選択された操業水準を**長期正常操業度**という。

⑶　経費のうち、従業員給料手当、退職金、**法定福利費**および福利厚生費を人件費という。

⑷　個別原価計算における間接費は、原則として、**予定配賦**率をもって各指図書に配賦する。

⑸　補助部門費の施工部門への配賦方法のうち、補助部門間のサービスの授受を計算上すべて無視して配賦計算を行う方法を**直接配賦法**という。

⑴　『原価計算基準』16（二）「工具製作、修繕、動力等の補助経営部門が相当の規模となった場合には、これを独立の経営単位とし、計算上製造部門として取り扱う。」とあり、これを「補助部門の製造部門化（施工部門化）」といいます。

⑵　長期正常操業度とは長期（景気の１循環期間）にわたる生産品に、当該期間のキャパシティ・コストを吸収させようとするものであり、数年間の平均化された操業度が採用されます。

⑶　完成工事原価報告書を作成する際には経費欄の下に、従業員給料手当、退職金、法定福利費および福利厚生費を人件費として内書きする必要があります。

⑷　『原価計算基準』33（二）において、「間接費は、原則として予定配賦率をもって各指図書に配賦する。」とされています。

⑸　直接配賦法とは補助部門費は施工部門にのみサービスを提供しているという前提で、最初から施工部門にのみ配賦を行う方法であり、最も簡便な手法です。

第3問　14点

●数字…予想配点

問1

運転1時間当たり損料額　¥ 4150 ❸

供用1日当たり損料額　¥ 20200 ❸

問2

M現場への配賦額　¥ 143050 ❷

N現場への配賦額　¥ 483100 ❷

問3

¥ 168150　記号（AまたはB） B ❹

解説

問1　単位当たり損料額の計算

1．運転1時間当たり損料額

減価償却費の半額と修繕費予算を年間運転時間で割ることによって算定します。

減価償却費の半額：(32,000,000円×90%÷8年)÷2＝1,800,000円

修繕費予算(年額)：(2,100,000円×3年＋2,500,000円×5年)÷8年＝2,350,000円

運転1時間当たり損料額：(1,800,000円＋2,350,000円)÷1,000時間＝**4,150円/時間**

2．供用1日当たり損料額

減価償却費の半額と年間管理費予算を年間供用日数で割ることによって算定します。

減価償却費の半額：(32,000,000円×90%÷8年)÷2＝1,800,000円

年間管理費予算：32,000,000円×7%＝2,240,000円

供用1日当たり損料額：(1,800,000円＋2,240,000円)÷200日＝**20,200円/日**

問2　各現場への配賦額

M現場：4,150円/時間×15時間＋20,200円/日×4日＝**143,050円**

N現場：4,150円/時間×58時間＋20,200円/日×12日＝**483,100円**

問３　損料差異の計算

予定配賦額：4,150円／時間×（15時間＋58時間＋14時間）

＋20,200円／日×（４日＋12日＋３日）＝744,850円

実際発生額：（32,000,000円×90％÷８年÷12か月）＋402,500円＋210,500円＝913,000円

（32,000,000円×90％÷８年÷12か月）：減価償却費(月額)300,000円　402,500円：修繕費　210,500円：管理費

損 料 差 異：744,850円－913,000円＝**(−)168,150円**（不利差異：**B**）

第４問　20点

●数字…予想配点

問１

| 1 | 3 | 6 | 7 | 5 | 0 | 0 | 千円 ❹

問２

3.7 年　❹

問３

15 %　❹

問４

| 1 | 8 | 3 | 7 | 8 | 2 | 千円 ❹

問５

4.8 年　❹

解説

問１　Ｎ投資案の１年間の差額キャッシュ・フロー

１年間の差額キャッシュ・フローは、税引後営業利益と減価償却費の合計で求められます。減価償却費は会計上、費用処理していますが、現金支出を伴わない費用のため、差額キャッシュ・フローを算定する際に、税引後営業利益に加算します。

525,000千円×（１－30％）＋（5,000,000千円÷５年）＝**1,367,500千円**

525,000千円×（１－30％）：税引後営業利益　（5,000,000千円÷５年）：減価償却費

または、税引後純現金流入額とタックス・シールド（減価償却費による法人税の節約額）

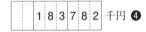

の合計から差額キャッシュ・フローを求めることもできます。

$$\underbrace{(4{,}000{,}000\text{千円}-2{,}475{,}000^{*}\text{千円})\times(1-30\%)}_{\text{税引後純現金流入額}}+\underbrace{(5{,}000{,}000\text{千円}\div 5\text{年})\times 30\%}_{\text{タックス・シールド}}=\mathbf{1{,}367{,}500\text{千円}}$$

＊　1,800,000千円＋275,000千円＋1,250,000千円＋150,000千円－(5,000,000千円÷５年)
＝2,475,000千円

問２　貨幣の時間価値を考慮しない回収期間

回収期間法とは、投資額を年間平均差額キャッシュ・フローで割ることにより、回収までの期間を求める方法です。なお、年数については、年表示で小数点第２位を四捨五入します。

5,000,000千円÷1,367,500千円＝3.656…年 → **3.7年**

問３　単純投資利益率

単純投資利益率法とは、貨幣の時間価値を考慮しない場合の投資利益を平均にし、平均投資額で割ることにより投資利益率を求めます。なお、比率（％）については小数点第１位を四捨五入します。

$$\frac{(1{,}367{,}500\text{千円}\times 5\text{年}-5{,}000{,}000\text{千円})\div 5\text{年}}{5{,}000{,}000\text{千円}\div 2}\times 100=14.7\%\ \rightarrow\ \mathbf{15\%}$$

問４　正味現在価値

正味現在価値法とは、差額キャッシュ・フローを割り引いた現在価値合計額から、投資額を差し引いて正味現在価値を求めます。また、本問は各年の現価係数が与えられているのでそれを用います。なお、金額については千円未満を切り捨てます。

５年間の年金現価係数：現価係数の合計3.7907

1,367,500千円×3.7907－5,000,000千円＝183,782.25千円 → **183,782千円**

問５　貨幣の時間価値を考慮した回収期間

割引回収期間法とは、回収期間法が貨幣の時間価値を考慮しないのに対して、貨幣の時間価値を考慮したうえで、投資額の回収までの期間を求める方法です。なお、年数については、年表示で小数点第２位を四捨五入します。

$$\frac{5{,}000{,}000\text{千円}}{1{,}367{,}500\text{千円}\times 3.7907\div 5\text{年}}=4.822\cdots\text{年}\ \rightarrow\ \mathbf{4.8\text{年}}$$

第5問　36点

●数字…予想配点

問1　走行距離1km当たり車両費予定配賦率

車両F　820 円/km ❸

車両G　760 円/km ❸

問2

工事原価計算表

20×7年7月

(単位：円)

工事番号	781	782	783	784	合　計
月初未成工事原価	❷ 273010	142280	——	——	415290
当月発生工事原価					
1. 材 料 費					
(1)A仮設資材費	0	25020	15920	38200	79140
(2)B引当材料費	69010	144200	151410	204970	569590
[材料費計]	69010	❷ 169220	167330	243170	648730
2. 労 務 費	76100	144110	❷ 147010	116850	484070
(うち労務外注費)	24100	58310	48210	28450	159070
3. 外 注 費	47109	69880	195200	❷ 111900	424089
4. 経　　費					
(1)車両部門費	❷ 4620	21940	37980	33880	98420
(2)重機械部門費	13020	❷ 21483	24738	22134	81375
(3)出張所経費配賦額	14500	29000	❷ 34800	20300	98600
[経費計]	32140	72423	97518	❷ 76314	278395
当月完成工事原価	❷ 497369	❷ 597913	❷ 607058	——	1702340
月末未成工事原価	——	——	——	❷ 548234	548234

問3

① 材料副費配賦差異　¥ 2110　記号（AまたはB） A ❷

② 労務費賃率差異　¥ 8300　記号（　同　上　） B ❷

③ 重機械部門費操業度差異　¥ 2175　記号（　同　上　） B ❷

解説

問１　車両費予定配賦率の計算

１．車両個別費の集計

資料６⑴①(a)より、車両個別費を集計すると次のようになります。

車両Ｆ：125,000円＋68,000円＋101,000円＋35,690円＝329,690円

車両Ｇ：139,000円＋72,000円＋123,000円＋44,810円＝378,810円

２．車両共通費の配賦

資料６⑴①(b)の各車両共通費を資料６⑴①(c)の配賦基準と配賦基準数値に基づき各車両に配賦します。

⑴　油脂関係費（配賦基準：予定走行距離）

車両Ｆ：$183{,}000\text{円} \times \frac{680\text{km}}{680\text{km}+820\text{km}} = 82{,}960\text{円}$

車両Ｇ：$183{,}000\text{円} \times \frac{820\text{km}}{680\text{km}+820\text{km}} = 100{,}040\text{円}$

⑵　消耗品費（配賦基準：車両重量×台数）

車両Ｆ：$126{,}000\text{円} \times \frac{16\text{t}}{16\text{t}+12\text{t}} = 72{,}000\text{円}$

車両Ｇ：$126{,}000\text{円} \times \frac{12\text{t}}{16\text{t}+12\text{t}} = 54{,}000\text{円}$

⑶　福利厚生費（配賦基準：運転者人員）

車両Ｆ：$97{,}300\text{円} \times \frac{3\text{人}}{3\text{人}+4\text{人}} = 41{,}700\text{円}$

車両Ｇ：$97{,}300\text{円} \times \frac{4\text{人}}{3\text{人}+4\text{人}} = 55{,}600\text{円}$

⑷　雑費（配賦基準：減価償却費）

車両Ｆ：$66{,}000\text{円} \times \frac{125{,}000\text{円}}{125{,}000\text{円}+139{,}000\text{円}} = 31{,}250\text{円}$

車両Ｇ：$66{,}000\text{円} \times \frac{139{,}000\text{円}}{125{,}000\text{円}+139{,}000\text{円}} = 34{,}750\text{円}$

⑸　車両共通費配賦額の集計

車両Ｆ：　82,960円＋72,000円＋41,700円＋31,250円＝227,910円

車両Ｇ：100,040円＋54,000円＋55,600円＋34,750円＝244,390円

３．走行距離１km当たり車両費予定配賦率

車両個別費と車両共通費配賦額の合計額を資料６⑴①(c)の予定走行距離で割って、走行距離１km当たり車両費予定配賦率を計算します。

車両Ｆ：(329,690円＋227,910円)÷680km＝**820円/km**

車両Ｇ：(378,810円＋244,390円)÷820km＝**760円/km**

問２　工事原価計算表の作成

１．月初未成工事原価

資料３(1)より、仮設材料の処理方法としてすくい出し法により処理しており、また７８１工事の仮設工事は前月までに完了し、その資材投入額は前月末の未成工事支出金に含まれているとあるので、７８１工事の仮設工事完了時評価額を月初未成工事原価から控除します。

７８１工事：285,610円－12,600円＝273,010円

７８２工事：142,280円

工事原価計算表

20×7年７月　　　　　　　　　　　　(単位：円)

工事番号	７８１	７８２	７８３	７８４	合　計
月初未成工事原価	273,010	142,280	――	――	415,290

２．当月発生工事原価

(1)　材料費

①　A材料（仮設工事用の資材）

すくい出し法により各工事の消費額を計算します。

７８１工事：0円（前月までに仮設工事は完了しています。）

７８２工事：37,680円－12,660円＝25,020円

７８３工事：41,390円－25,470円＝15,920円

７８４工事：38,200円

工事原価計算表

20×7年７月　　　　　　　　　　　　(単位：円)

工事番号	７８１	７８２	７８３	７８４	合　計
１．材 料 費					
(1)A仮設資材費	0	25,020	15,920	38,200	79,140

②　B材料（工事引当材料）

各工事の引当購入額（送り状価格）に、材料副費３％を加算して計算します。

７８１工事：　67,000円×（１＋0.03）＝　69,010円

７８２工事：140,000円×（１＋0.03）＝144,200円

７８３工事：147,000円×（１＋0.03）＝151,410円

７８４工事：199,000円×（１＋0.03）＝204,970円

工事原価計算表

20×7年７月　　　　　　　　　　　　(単位：円)

工事番号	７８１	７８２	７８３	７８４	合　計
１．材 料 費					
(2)B引当材料費	69,010	144,200	151,410	204,970	569,590

③　材料費計

７８１工事：69,010円

７８２工事：25,020円＋144,200円＝169,220円

７８３工事：15,920円＋151,410円＝167,330円

７８４工事：38,200円＋204,970円＝243,170円

工事原価計算表

20×7年７月　　　　(単位：円)

工事番号	７８１	７８２	７８３	７８４	合　計
1．材 料 費					
(1)A仮設資材費	0	25,020	15,920	38,200	79,140
(2)B引当材料費	69,010	144,200	151,410	204,970	569,590
[材料費計]	**69,010**	**169,220**	**167,330**	**243,170**	**648,730**

(2)　労務費

予定賃率@2,600円を各工事の労務作業時間に掛けて計算します。さらに、解答用紙の工事原価計算表に「うち労務外注費」とあるため、資料５の当月の外注費のうち、労務外注費の金額を加えたものを労務費とし、労務外注費の金額をうち書きします。

７８１工事：@2,600円×20時間＋24,100円＝ 76,100円

７８２工事：@2,600円×33時間＋58,310円＝144,110円

７８３工事：@2,600円×38時間＋48,210円＝147,010円

７８４工事：@2,600円×34時間＋28,450円＝116,850円

工事原価計算表

20×7年７月　　　　(単位：円)

工事番号	７８１	７８２	７８３	７８４	合　計
2．労 務 費	**76,100**	**144,110**	**147,010**	**116,850**	**484,070**
(うち労務外注費)	**24,100**	**58,310**	**48,210**	**28,450**	**159,070**

(3)　外注費

資料５のＤ工事（一般外注）をそのまま記入します。

工事原価計算表

20×7年７月　　　　(単位：円)

工事番号	７８１	７８２	７８３	７８４	合　計
3．外 注 費	**47,109**	**69,880**	**195,200**	**111,900**	**424,089**

(4)　経費

①　車両部門費

問１で求めた車両費予定配賦率に、当月の現場別車両使用実績（走行距離）を掛けて計算します。

７８１工事：@820円×１km＋@760円×５km＝ 4,620円
７８２工事：@820円×11km＋@760円×17km＝21,940円
７８３工事：@820円×25km＋@760円×23km＝37,980円
７８４工事：@820円×20km＋@760円×23km＝33,880円

工事原価計算表

20×7年７月　　　　　　　　　　　　(単位：円)

工事番号	７８１	７８２	７８３	７８４	合　　計
４．経　　費					
(1)車両部門費	4,620	21,940	37,980	33,880	98,420

② 重機械部門費

変動予算方式により予定配賦率を算定し、その予定配賦率に各工事のＣ労務作業時間（資料４）を掛けて計算します。

変動費率：@216円
固定費率：56,550円÷130時間＝@435円
予定配賦率：@216円＋@435円＝@651円
７８１工事：@651円×20時間＝13,020円
７８２工事：@651円×33時間＝21,483円
７８３工事：@651円×38時間＝24,738円
７８４工事：@651円×34時間＝22,134円

工事原価計算表

20×7年７月　　　　　　　　　　　　(単位：円)

工事番号	７８１	７８２	７８３	７８４	合　　計
４．経　　費					
(2)重機械部門費	13,020	21,483	24,738	22,134	81,375

③ その他の工事経費（出張所経費）

まずは資料６(3)の出張所経費の当月発生額を配賦係数の合計で割って配賦率を算定します。その後、配賦率に各工事の配賦係数を掛けて計算します。

配賦率：98,600円÷170＝@580円
７８１工事：@580円×25＝14,500円
７８２工事：@580円×50＝29,000円
７８３工事：@580円×60＝34,800円
７８４工事：@580円×35＝20,300円

工事原価計算表

20×7年７月　　　　　　　　　　　　(単位：円)

工事番号	７８１	７８２	７８３	７８４	合　　計
４．経　　費					
(3)出張所経費配賦額	14,500	29,000	34,800	20,300	98,600

④　経費計

７８１工事：　4,620円＋13,020円＋14,500円＝32,140円
７８２工事：21,940円＋21,483円＋29,000円＝72,423円
７８３工事：37,980円＋24,738円＋34,800円＝97,518円
７８４工事：33,880円＋22,134円＋20,300円＝76,314円

工事原価計算表

20×7年７月　　（単位：円）

工事番号	７８１	７８２	７８３	７８４	合　計
４．経　　費					
⑴車両部門費	4,620	21,940	37,980	33,880	98,420
⑵重機械部門費	13,020	21,483	24,738	22,134	81,375
⑶出張所経費配賦額	14,500	29,000	34,800	20,300	98,600
［経費計］	**32,140**	**72,423**	**97,518**	**76,314**	**278,395**

３．当月完成工事原価

７８１工事と７８２工事及び７８３工事は当月完成のため、月初未成工事原価と当月発生工事原価の合計が、当月完成工事原価となります。

７８１工事：273,010円＋　69,010円＋　76,100円＋47,109円＋32,140円＝497,369円
７８２工事：142,280円＋169,220円＋144,110円＋69,880円＋72,423円＝597,913円
７８３工事：167,330円＋147,010円＋195,200円＋97,518円＝607,058円

工事原価計算表

20×7年７月　　（単位：円）

工事番号	７８１	７８２	７８３	７８４	合　計
月初未成工事原価	273,010	142,280	——	——	415,290
当月発生工事原価					
１．材料費					
⑴Ａ仮設資材費	0	25,020	15,920	38,200	79,140
⑵Ｂ引当材料費	69,010	144,200	151,410	204,970	569,590
［材料費計］	69,010	169,220	167,330	243,170	648,730
２．労務費	76,100	144,110	147,010	116,850	484,070
（うち労務外注費）	24,100	58,310	48,210	28,450	159,070
３．外注費	47,109	69,880	195,200	111,900	424,089
４．経　　費					
⑴車両部門費	4,620	21,940	37,980	33,880	98,420
⑵重機械部門費	13,020	21,483	24,738	22,134	81,375
⑶出張所経費配賦額	14,500	29,000	34,800	20,300	98,600
［経費計］	32,140	72,423	97,518	76,314	278,395
当月完成工事原価	**497,369**	**597,913**	**607,058**	——	**1,702,340**

4．月末未成工事原価

７８４工事は当月着工で未完成のため、当月発生工事原価の合計額が、月末未成工事原価として次月繰越となります。

７８４工事：243,170円＋116,850円＋111,900円＋76,314円＝548,234円

工事原価計算表

20×7年７月　　　　（単位：円）

工事番号	７８１	７８２	７８３	７８４	合　計
月初未成工事原価	273,010	142,280	——	——	415,290
当月発生工事原価					
1．材 料 費					
(1)A仮設資材費	0	25,020	15,920	38,200	79,140
(2)B引当材料費	69,010	144,200	151,410	204,970	569,590
［材料費計］	69,010	169,220	167,330	243,170	648,730
2．労 務 費	76,100	144,110	147,010	116,850	484,070
（うち労務外注費）	24,100	58,310	48,210	28,450	159,070
3．外 注 費	47,109	69,880	195,200	111,900	424,089
4．経　　費					
(1)車両部門費	4,620	21,940	37,980	33,880	98,420
(2)重機械部門費	13,020	21,483	24,738	22,134	81,375
(3)出張所経費配賦額	14,500	29,000	34,800	20,300	98,600
［経費計］	32,140	72,423	97,518	76,314	278,395
当月完成工事原価	497,369	597,913	607,058	——	1,702,340
月末未成工事原価	——	——	——	**548,234**	**548,234**

問３　原価差異の計算

① 材料副費配賦差異（資料３(2)より）

553,000円×３％－14,480円＝**(+)2,110円**（有利差異：**A**）

予定配賦額16,590円　　実際発生額

② 労務費賃率差異（資料４より）

@2,600円×125時間－333,300円＝**(−)8,300円**（不利差異：**B**）

予定消費賃金325,000円　　実際消費賃金

③ 重機械部門費操業度差異（上記問２の２．(4)②、問題資料４および６(2)より）

@435円×(125時間－130時間)＝**(−)2,175円**（不利差異：**B**）

固定費率　　実際労務作業時間　　基準労務作業時間

第33回　解答・解説

第1問　**20点**　解答にあたっては、各問とも指定した字数以内（句読点を含む）で記入すること。

●数字…予想配点

問1

建設業で用いられる事前原価には、原価管理の観点より①見積原価、②予算原価、③標準原価の3つが挙げられる。❷①は指名獲得あるいは受注活動のような対外的資料のための原価であり、財務会計機構と有機的に結合することはないため、一種の原価調査といえる。❷②は受注工事を確実に採算化するための内部的な原価であり、❷③は個々の工事を日常的に管理するための能率水準としての原価である。❷②と③は、予算管理制度あるいは原価管理制度としてシステム化されることが有効であるから、一般的には、原価計算制度たる原価概念として機能する。❷

問2

工事間接費の配賦に予定配賦法を用いる意義として、計算の迅速化と配賦の正常性の二つがある。❷工事間接費の実際発生額を配賦する実際配賦法によれば、期間での実際工事間接費額が確定しなければ配賦作業を実施できず、配賦計算が遅延することになる。❹また、工事間接費には操業度の変動にほとんど影響されることがない固定費が多く含まれていることから、実際配賦法によると工事繁忙期にはその配賦額が少額となり、工事閑散期にはその配賦額が多額になるという欠陥がある。❹予定配賦法を用いることで、これら実際配賦法の欠陥を克服できる。

解説

問１　事前原価の種類

事前原価とは建設工事の着工前に測定される原価のことで、経営管理等を目的として把握され予定原価とよばれることもあります。事前原価には次のような種類があります。

・見積原価：注文獲得や契約価格設定のために算定される原価

・予算原価：現実の企業行動を想定して算定される原価

・標準原価：原価能率の増進のために、基準値として算定される原価

このうち見積原価は財務会計機構と有機的に結びつくことがないため、原価調査の一種であると考えられます。これに対して予算原価や標準原価は予算管理制度あるいは原価管理制度としてシステム化されることが有効なので、一般的には、原価計算制度たる原価概念として機能します。

問２　工事間接費の配賦（予定配賦法の長所）

工事間接費の実際配賦には次のような欠点があります。

・期間での実際工事間接費額が確定しなければ、工事間接費の配賦作業を実施することができず計算の迅速性に欠ける。

・通常、工事間接費には操業度の増減に比例しない固定費（例えば減価償却費等）が多く含まれているため、工事繁忙期にその配賦額が少額になり、逆に工事閑散期に配賦額が多額になるという現象が起きる。これでは各期ごとの比較可能性を損なうし、契約価格等の見積りにも影響を与えてしまう。

事前に予定配賦率を定めて配賦を行う予定配賦法では上記にあげた実際配賦法の欠点を克服することができます。ここに工事間接費の配賦に予定配賦法を用いる意義があります。

第2問　10点

●数字…予想配点

記号（ア～ス）

1	2	3	4	5	
ウ	ア	サ	キ	ス	各❷

解説

1．品質コスト

品質原価計算における品質コストは、建造物の品質不良が発生しないようにするために必要な品質適合コストと、建造物の品質不良が発生してしまったために必要となる品質不適合

コストに大別されます。

品質適合コストはさらに、設計・仕様に合致しない建造物の施工を予防するための活動の原価である**予防コスト**と、設計・仕様に合致しない建造物を発見するための活動の原価である**評価コスト**の２つに分類することができます。

また、品質不適合コストは、建造物を引き渡す前に欠陥や品質不良が発生した場合に生ずる原価である内部失敗コストと、建造物を引き渡した後に欠陥や品質不良が発生した場合に生ずる原価である外部失敗コストに分類することができます。

２．予防コストの増加額

本問において予防コストに該当するのは、建物設計改善費、品質保証教育訓練費の２つです。よって現在と１年後を比較すると次のようになります。

建物設計改善費	12,900万円－12,100万円＝(＋)800万円	**1,400万円**増加
品質保証教育訓練費	2,300万円－ 1,700万円＝(＋)600万円	

３．評価コストの増加額

本問において評価コストに該当するのは、購入資材受入検査費、建造物自主検査費の２つです。よって現在と１年後を比較すると次のようになります。

購入資材受入検査費	5,000万円－4,400万円＝(＋)600万円	**800万円**増加
建造物自主検査費	6,200万円－6,000万円＝(＋)200万円	

４．品質不適合コストの減少額

本問において品質不適合コストに該当するのは、苦情処理費、損害賠償費、訴訟費、手直費の4つです。よって、現在と１年後を比較すると次のようになります。

なお解答には直接関係しませんが、手直費は内部失敗コストに分類され、苦情処理費、損害賠償費、訴訟費の３つは外部失敗コストに分類されます。

品質不適合コスト

内部失敗コスト：	手　直　費	3,200万円－3,300万円＝(－) 100万円	**3,400万円**減少
外部失敗コスト：	苦情処理費	8,100万円－9,900万円＝(－)1,800万円	
	損害賠償費	3,200万円－4,100万円＝(－) 900万円	
	訴　訟　費	7,200万円－7,800万円＝(－) 600万円	

第3問　18点

●数字…予想配点

問1　直接配賦法　¥ 413400 ❻

問2　階梯式配賦法　¥ 407268 ❻

問3　相互配賦法－連立方程式法　¥ 411120 ❻

解説

問1　直接配賦法

直接配賦法による部門費配賦表を作成すると以下のようになります。

部　門　費　配　賦　表

（単位：円）

摘　　要	合　計	施工部門		補助部門		
		第1部門	第2部門	運搬部門	修繕部門	経営管理部門
部　門　費	2,020,800	610,000	590,000	288,000	342,000	190,800
運搬部門費		128,000	160,000			
修繕部門費		190,000	152,000			
経営管理部門費		95,400	95,400			
施工部門費	2,020,800	1,023,400	997,400			

〈第1部門への配賦額〉

運搬部門費：$\frac{288{,}000\text{円}}{40\% + 50\%} \times 40\% = 128{,}000\text{円}$

修繕部門費：$\frac{342{,}000\text{円}}{50\% + 40\%} \times 50\% = 190{,}000\text{円}$

経営管理部門費：$\frac{190{,}800\text{円}}{30\% + 30\%} \times 30\% = 95{,}400\text{円}$

413,400円

問2　階梯式配賦法

問いの指示により、配賦の順序は経営管理部門、修繕部門、運搬部門の順となります。

なお、判断基準により順位付けすると下記のとおりとなります。

第1判断基準（他の補助部門への用役提供件数）

運搬部門：1件（修繕部門へ）

修繕部門：1件（運搬部門へ）

経営管理部門：2件（運搬部門と修繕部門へ）⇨ 第1位

第2判断基準（部門費の金額）

運搬部門：288,000円 ⇨ 第3位

修繕部門：342,000円 ⇨ 第2位

階梯式配賦法による部門費配賦表を作成すると以下のようになります。

部　門　費　配　賦　表

（単位：円）

摘　　要	合　計	施　工　部　門		補　助　部　門		
		第１部門	第２部門	運搬部門	修繕部門	経営管理部門
部　　門　　費	2,020,800	610,000	590,000	288,000	342,000	190,800
経営管理部門費		57,240	57,240	57,240	19,080	190,800
修 繕 部 門 費		180,540	144,432	36,108	361,080	
運 搬 部 門 費		169,488	211,860	381,348		
施 工 部 門 費	2,020,800	1,017,268	1,003,532			

〈第１部門への配賦額〉

経営管理部門費：190,800円×30％＝　57,240円

修 繕 部 門 費：(342,000円＋19,080円)×50％＝　180,540円

運 搬 部 門 費：$\dfrac{288{,}000円+57{,}240円+36{,}108円}{40\%+50\%}\times 40\% =$　169,488円

407,268円

問３　相互配賦法－連立方程式法

相互配賦法（連立方程式法）による部門費配賦表を作成すると以下のようになります。

部　門　費　配　賦　表

（単位：円）

摘　　要	合　計	施　工　部　門		補　助　部　門		
		第１部門	第２部門	運搬部門	修繕部門	経営管理部門
部　　門　　費	2,020,800	610,000	590,000	288,000	342,000	190,800
運 搬 部 門 費		0.4 X	0.5 X	—	0.1 X	—
修 繕 部 門 費		0.5 Y	0.4 Y	0.1 Y	—	—
経営管理部門費		0.3 Z	0.3 Z	0.3 Z	0.1 Z	—
施 工 部 門 費	2,020,800			‖ X	‖ Y	‖ Z

（連立方程式）

$$\begin{cases} X = 288{,}000 + 0.1\,Y + 0.3\,Z \\ Y = 342{,}000 + 0.1\,X + 0.1\,Z \\ Z = 190{,}800 \end{cases}$$

これを解いて、X＝385,200、Y＝399,600、Z＝190,800

〈第１部門への配賦額〉

385,200円×0.4＋399,600円×0.5＋190,800円×0.3＝**411,120円**

第4問　18点

●数字…予想配点

問1	当月の差額原価	37500 円	代替案	2	（1または2）❻
問2	当月の差額原価	331500 円	代替案	1	（　同　上　）❹
問3	当月の差額原価	147000 円	代替案	1	（　同　上　）❹
問4	当月の差額利益	53000 円	代替案	2	（　同　上　）❹

解説

問1　材料の保有在庫が無い場合

各代替案はどちらも合計750個を販売し、A部品およびB部品の販売単価はどちらも5,000円なので、両代替案の売上高は無関連収益となります。材料は必要量だけ新たに購入するため、当月の材料購入額を関連原価として比較し、どちらが有利か判断します。

代替案1の関連原価：1,900円/個×500個＋2,050円/個×250個＝1,462,500円

代替案2の関連原価：1,900円/個×750個＝1,425,000円

当 月 の 差 額 原 価：1,462,500円－1,425,000円＝(+)37,500円

よって、**代替案2の方が37,500円有利**となります。

問2　材料の保有在庫がある場合

すでに保有している材料の原価は、過去原価であり無関連原価となります。よって、当月の部品製造に必要な材料のうち、保有在庫を除いた当月材料購入額を比較して、どちらが有利か判断します。

代替案1の関連原価：1,900円/個×280個※1＋2,050円/個×70個※2＝675,500円

代替案2の関連原価：1,900円/個×530個※3＝1,007,000円

当 月 の 差 額 原 価：675,500円－1,007,000円＝(−)331,500円

よって、**代替案1の方が331,500円有利**です。

※1　500個－220個＝280個

※2　250個－180個＝　70個

※3　750個－220個＝530個

問3　材料の保有在庫があり、かつ、材料の最低保有量がある場合

両材料とも最低量を保有するという方針であり、当月末時点の材料を最低量とするため、材料aはA部品160個製造分、材料bはB部品90個製造分を、部品製造用の材料とは別に購入しなければなりません。

代替案１の関連原価：1,900円/個×(280個＋160個)＋2,050円/個×(70個＋90個)
＝1,164,000円
代替案２の関連原価：1,900円/個×(530個＋160個)＝1,311,000円
当月の差額原価：1,164,000円－1,311,000円＝(－)147,000円
よって、**代替案１の方が147,000円有利**です。

問４　商品の販売価格が異なり、材料の保有在庫があり、かつ、材料の最低保有量がある場合

Ａ部品とＢ部品の販売価格が異なるため、両代替案の売上高及び材料の購入原価が関連収益および関連原価となります。

代替案１の関連収益：5,300円/個×500個＋4,500円/個×250個＝3,775,000円
関連原価：1,164,000円（問３と同じ）
利益：3,775,000円－1,164,000円＝2,611,000円
代替案２の関連収益：5,300円/個×750個＝3,975,000円
関連原価：1,311,000円（問３と同じ）
利益：3,975,000円－1,311,000円＝2,664,000円
当月の差額利益：2,611,000円－2,664,000円＝(－)53,000円
よって、**代替案２の方が53,000円有利**です。

第5問　34点

●数字…予想配点

問1

完成工事原価報告書

自　20×1年10月 1日
至　20×1年10月31日

X建設工業株式会社
（単位：円）

Ⅰ．材料費		1900500	❹
Ⅱ．労務費		296000	❹
Ⅲ．外注費		1093800	❹
Ⅳ．経　費		997840	❹
（うち人件費	652840）		❹
完成工事原価		4288140	

問2

¥ 2171200 ❹

問3

① 運搬車両部門費予算差異	¥ 8600	記号（AまたはB）	A	❺
② 運搬車両部門費操業度差異	¥ 2400	記号（　同　上　）	A	❺

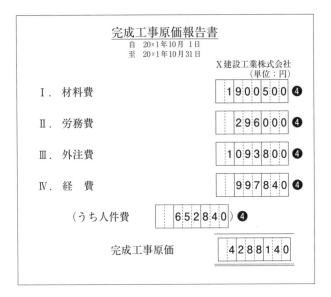

解説

1．材料費

(1) 甲材料費（常備材料）

資料3(1)より先入先出法によって各工事の実際消費額を計算します。

1日　前月繰越 @10,000円 50個	8日（053工事） 50個	053工事：@10,000円×50個＋@12,000円×20個＝740,000円
@12,000円 30個	20個	
	15日（101工事） 10個	101工事：@12,000円×10個＋@14,000円×（70個－10個）＝960,000円
5日　購入 @14,000円 100個	70個－戻り10個	
	25日（102工事） 40個	102工事：@14,000円×40個＋@15,000円×20個＝860,000円
18日　購入 @15,000円 50個	20個	
	月末在庫　30個	

(2) 乙材料費（仮設材料）

資料3(2)より、すくい出し法により処理するため、仮設工事完了時評価額を投入額から控除します。なお、053工事については、月初未成工事原価の材料費76,200円（資料2(1)）から控除します。

053　2工事：43,700円－14,600円＝29,100円

053工事：月初未成工事原価から10,600円を控除

101工事：39,700円

102工事：42,900円－29,100円＝13,800円

2．労務費

資料4より工事原価の計算に予定賃率を使用しているので、予定賃率（@2,600円）に各工事のL作業時間を掛けて各工事に係る労務費を計算します。

032工事：@2,600円×13時間＝　33,800円

053工事：@2,600円×25時間＝　65,000円

101工事：@2,600円×42時間＝109,200円

102工事：@2,600円×16時間＝　41,600円

３．外注費

⑴　一般外注費

資料５の一般外注の金額をそのまま集計します。

⑵　労務外注費

資料５の労務外注の金額をそのまま集計します。

４．経費

⑴　直接経費

資料６⑴のうち、労務管理費および雑費他の合計額を計上します。

０３２工事：48,900円＋22,100円＝　71,000円
０５３工事：85,400円＋30,200円＝115,600円
１０１工事：87,000円＋42,500円＝129,500円
１０２工事：40,100円＋21,100円＝　61,200円

⑵　人件費

資料６⑴および⑵より、従業員給料手当、法定福利費、福利厚生費およびＱ氏の役員報酬額のうち施工管理業務相当分の合計額を計上します。

Ｑ氏の役員報酬額：０３２工事；$\dfrac{716{,}800\text{円}}{120\text{時間}\times 1.2+80\text{時間}\times 1.0}\times 20\text{時間}\times 1.2=\ 76{,}800\text{円}$

０５３工事；　〃　×30時間×1.2＝115,200円
１０１工事；　〃　×40時間×1.2＝153,600円
１０２工事；　〃　×30時間×1.2＝115,200円

０３２工事：　66,700円＋　7,100円＋　7,400円＋　76,800円＝158,000円
０５３工事：109,700円＋13,300円＋21,000円＋115,200円＝259,200円
１０１工事：107,200円＋17,200円＋31,700円＋153,600円＝309,700円
１０２工事：　49,000円＋　6,770円＋　9,170円＋115,200円＝180,140円

⑶　運搬車両部門費

資料６⑶より、変動予算方式により予定配賦率を算定し、その予定配賦率に工事別のＬ作業時間（資料４）を掛けて計算します。

予定配賦率：変動費率＠400円＋$\dfrac{1{,}080{,}000\text{円}}{1{,}200\text{時間}}$（＝固定費率＠900円）＝＠1,300円

０３２工事：＠1,300円×13時間＝16,900円
０５３工事：＠1,300円×25時間＝32,500円
１０１工事：＠1,300円×42時間＝54,600円
１０２工事：＠1,300円×16時間＝20,800円

以上より工事原価計算表を作成すると以下のとおりです。

工 事 原 価 計 算 表

20×1年10月1日～20×1年10月31日　　　　(単位：円)

	０３２工事	０５３工事	１０１工事	１０２工事	合　計
月初未成工事原価	534,800	※ 202,700	——	——	737,500
当月発生工事原価					
1．材料費					
(1)甲材料費	——	740,000	960,000	860,000	2,560,000
(2)乙材料費	29,100	——	39,700	13,800	82,600
材料費計	29,100	740,000	999,700	873,800	2,642,600
2．労務費	33,800	65,000	109,200	41,600	249,600
3．外注費					
(1)一般外注費	76,600	108,500	279,000	92,000	556,100
(2)労務外注費	166,200	228,800	289,500	179,900	864,400
外注費計	242,800	337,300	568,500	271,900	1,420,500
4．経　費					
(1)直接経費	71,000	115,600	129,500	61,200	377,300
(2)人 件 費	158,000	259,200	309,700	180,140	907,040
(3)運搬車両部門費	16,900	32,500	54,600	20,800	124,800
経 費 計	245,900	407,300	493,800	262,140	1,409,140
当月完成工事原価	1,086,400	1,752,300	——	1,449,440	4,288,140
月末未成工事原価	——	——	2,171,200	——	2,171,200

※　乙材料の仮設工事完了時評価額を控除する。213,300円－10,600円＝202,700円

問１　完成工事原価報告書の作成

当月に完成した０３２工事、０５３工事および１０２工事の工事原価を費目ごとに集計します。

(単位：円)

	０３２工事		０５３工事		１０２工事	合　計
	月　初	当　月	月　初	当　月	当　月	
材　料　費	192,000	29,100	※ 65,600	740,000	873,800	**1,900,500**
労　務　費	111,800	33,800	43,800	65,000	41,600	**296,000**
外　注　費	177,500	242,800	64,300	337,300	271,900	**1,093,800**
経　　　費	53,500	245,900	29,000	407,300	262,140	**997,840**
(うち人件費)	(38,600)	(158,000)	(16,900)	(259,200)	(180,140)	**(652,840)**
合　　計	534,800	551,600	202,700	1,549,600	1,449,440	**4,288,140**

※　乙材料の仮設工事完了時評価額を控除する。76,200円－10,600円＝65,600円

問２　未成工事支出金勘定の残高

工事原価計算表の101工事原価：**2,171,200円**

問３　配賦差異の当月末の勘定残高

シュラッター図から当月の差異を分析します。

①　運搬車両部門費予算差異

当月の予算差異：@400円×96時間＋1,080,000円÷12か月－135,500円

予算許容額 128,400円　　実際

＝(−)7,100円（借方）

予算差異の勘定残高：(−)1,500円＋(−)7,100円＝**(−)8,600円**（借方残高：**A**）

②　運搬車両部門費操業度差異

当月の操業度差異：@900円×(96時間－1,200時間÷12か月)＝(−)3,600円（借方）

実際　　基準 100時間

操業度差異の勘定残高：(＋)1,200円＋(−)3,600円＝**(−)2,400円**（借方残高：**A**）

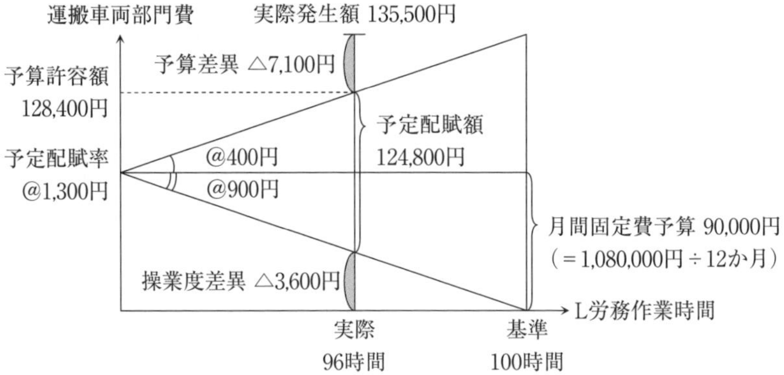

第34回　解答・解説

第1問　20点　解答にあたっては、各問とも指定した字数以内（句読点を含む）で記入すること。

●数字…予想配点

問1

社内に対する建設業原価計算の目的として、個別工事原価管理目的と全社的利益管理目的がある。❸前者は工事別の実行予算原価を作成し、これに基づき日常的作業コントロールを実施し、事後には予算と実績との差異分析をし、これらに関する原価資料を逐次経営管理者各層に報告し、原価能率を増進する措置を講ずることである。❸一方、後者は、企業経営の安定的成長のために、数年を対象とした長期利益計画と次期を対象とした短期利益計画、すなわち、予算をたてることである。❸ここで、利益計画とは、経済変動、受注動向、企業特質などを勘案して目標利益もしくは利益率を策定し、その実現のために目標工事高および工事原価を予定計算することである。❸

問2

積算上の直接工事費としての経費とは、完成工事について発生し、または負担すべき材料費、労務費および外注費以外の費用である。❷すなわち、工事の施工に直接的に認識される経費のことである。❷それに対して、完成工事原価報告書上の経費とは、直接工事費としての工事経費のみでなく、工事間接費的な材料費や労務費、つまり共通仮設費としての経費も含まれ、また現場管理費等で配賦されたものも、経費として混在していることになる。❹

解説

問１　社内に対する建設業原価計算の目的

社内に対する建設業原価計算の目的には次の２つがあります。

- **個別工事原価管理目的**
- **全社的利益管理目的**

個別工事原価管理とは、工事別の実行予算原価を作成し、これに基づき日常的作業コントロールを実施し、事後には予算と実績との差異分析をし、これらに関する原価資料を逐次経営管理者各層に報告し、原価能率を増進する措置を講ずることを意味します。

一方、全社的利益管理とは、企業経営の安定的成長のため、長期利益計画と短期利益計画（予算）を策定し、その実現のため、目標工事高および工事原価を予定計算することです。

問２　積算上の直接工事費としての経費と完成工事原価報告書上の経費の相違点

積算上の直接工事費としての経費と完成工事原価報告書上の経費では、その内容が異なります。積算上の直接工事費としての経費は、直接工事費として認識される経費のことです。

一方、完成工事原価報告書上の経費は、直接工事費として認識される経費のみでなく、共通仮設費としての経費も含まれます。また、現場管理費などで配賦されたものも経費として混在しています。

第2問　12点

●数字…予想配点

記号（AまたはB）

1	2	3	4	5	6
B	B	A	A	A	B

各❷

解説

正しくないもの「B」について解説します。

1．代替案間で金額が異ならない未来原価は無関連原価（埋没原価）であるため、関連原価には集計しません。

2．機会原価とは、選択されない各代替案の中でもっとも有利な代替案を選択した際の利益をいいます。

6．割引回収期間法は、貨幣の時間価値は考慮していますが、投資額を回収した後のキャッシュ・フローについては無視しています。

第3問　16点

●数字…予想配点

No.101現場　¥ 130407 ❹

No.102現場　¥ 102175 ❹

No.103現場　¥ 54641 ❹

No.104現場　¥ 134230 ❹

解説

(1) 共通費の配賦

共通費を各車両に配賦します。配賦基準は共通費ごとに異なるため、それぞれ計算して配賦します。

① 油脂代

油脂代は走行距離を配賦基準として各車両に配賦します。

車両A：$\dfrac{288{,}650円}{8{,}600km+8{,}400km+8{,}100km}\times 8{,}600km = 98{,}900円$

車両B：〃 $\times 8{,}400km = 96{,}600円$

車両C：〃 $\times 8{,}100km = 93{,}150円$

② 消耗品費

消耗品費は車両重量を配賦基準として各車両に配賦します。

車両A：$\dfrac{379{,}500円}{12\,t+11\,t+10\,t}\times 12\,t = 138{,}000円$

車両B：〃 $\times 11\,t = 126{,}500円$

車両C：〃 $\times 10\,t = 115{,}000円$

③ 福利厚生費

福利厚生費は関係人員を配賦基準として各車両に配賦します。

車両A：$\dfrac{235{,}300円}{9人+8人+9人}\times 9人 = 81{,}450円$

車両B：〃 $\times 8人 = 72{,}400円$

車両C：〃 $\times 9人 = 81{,}450円$

④　雑費

雑費は減価償却費額を配賦基準として各車両に配賦します。

車両A：$\dfrac{105{,}500円}{827{,}600円+620{,}700円+620{,}700円}\times 827{,}600円 = 42{,}200円$

車両B：　〃　× 620,700円 = 31,650円

車両C：　〃　× 620,700円 = 31,650円

(2)　各車両の車両費予算

各車両の個別費と、(1)で算定した共通費の配賦額を合算します。

車両費予算表　（単位：円）

	車両A	車両B	車両C
個別費			
減価償却費	827,600	620,700	620,700
修繕費	245,900	99,500	111,500
燃料費	522,000	387,700	349,500
税金	161,000	77,000	97,000
保険料	165,600	76,000	131,900
共通費			
油脂代	98,900	96,600	93,150
消耗品費	138,000	126,500	115,000
福利厚生費	81,450	72,400	81,450
雑費	42,200	31,650	31,650
合計	2,282,650	1,588,050	1,631,850

(3)　各現場への車両費配賦額

①　各車両費率の算定

走行距離1km当たりの車両費率を計算します。（小数点第3位を四捨五入）

車両A：2,282,650円 ÷ 8,600km = @265.424…円 ⇒ @265.42円

車両B：1,588,050円 ÷ 8,400km = @189.053…円 ⇒ @189.05円

車両C：1,631,850円 ÷ 8,100km = @201.462…円 ⇒ @201.46円

②　各現場への車両費配賦額の算定

現場別車両使用実績に各車両の走行距離1km当たりの車両費率を掛けて、各現場への車両費配賦額を求めます。（円未満を四捨五入）

No.101現場：@265.42円 × 275km + @201.46円 × 285km = 130,406.6円 ⇒ **130,407円**

No.102現場：@265.42円 × 215km + @189.05円 × 180km + @201.46円 × 55km = 102,174.6円
⇒ **102,175円**

No.103現場：@265.42円 × 63km + @189.05円 × 110km + @201.46円 × 85km = 54,641.06円
⇒ **54,641円**

No.104現場：@189.05円 × 385km + @201.46円 × 305km = 134,229.55円 ⇒ **134,230円**

第4問　18点

●数字…予想配点

問1

20×3年度	¥ 37500000	記号（AまたはB）	B	❺
20×4年度	¥ 13400000	記号（AまたはB）	A	❺

問2

¥ 2968200	記号（AまたはB）	B	❽

解説

問1　旧機械を新機械に取り替える場合のキャッシュ・フローの純増減額

旧機械を使い続ける場合と新機械に取り替えた場合のキャッシュ・フローを計算し、比較します。

(1)　**20×3年度**

旧機械を使い続ける場合はキャッシュ・フローに変化がないため、新機械に取り替えた場合のキャッシュ・フローを計算します。

旧機械の売却収入(現在の簿価)：45,000,000円－7,500,000円*×3年＝22,500,000円

　＊　旧機械の1年分の減価償却費：45,000,000円÷6年＝7,500,000円

新機械の購入価額：△60,000,000円

キャッシュ・フローの純増減額：22,500,000円－60,000,000円

　＝△**37,500,000円**（アウトフロー：**B**）

(2)　**20×4年度**

旧機械を使い続ける場合と新機械に取り替えた場合のキャッシュ・フローを計算し、比較します。

旧機械の年々のキャッシュ・フロー：

(26,000,000円－11,000,000円)×(1－0.4)＋7,500,000円×0.4＝12,000,000円

新機械の年々のキャッシュ・フロー：

(37,000,000円－8,000,000円)×(1－0.4)＋20,000,000円*×0.4＝25,400,000円

　＊　新機械の1年分の減価償却費：60,000,000円÷3年＝20,000,000円

キャッシュ・フローの純増減額：25,400,000円－12,000,000円

　＝**13,400,000円**（インフロー：**A**）

問2　新機械に取り替える場合の正味現在価値

問1で計算した20×3年度と20×4年度のキャッシュ・フローの純増減額にもとづいて、正味現在価値を算定します。

正味現在価値：13,400,000円×(0.926＋0.857＋0.794)－37,500,000円

　＝△**2,968,200円**(不利：**B**)

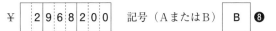

第5問　34点

●数字…予想配点

問1

完成工事原価報告書

自　20×8年7月 1日

至　20×8年7月31日

X建設工業株式会社

（単位：円）

Ⅰ．材料費	1570300	❹
Ⅱ．労務費	1144350	
（うち労務外注費 366550）		❹
Ⅲ．外注費	344550	❹
Ⅳ．経　費	577690	❹
（うち人件費 327210）		❹
完成工事原価	3636890	

問2

¥ 1306250 ❹

問3

① 重機械部門費予算差異	¥ 14050	記号（AまたはB）	A	❺
② 重機械部門費操業度差異	¥ 9100	記号（　同　上　）	B	❺

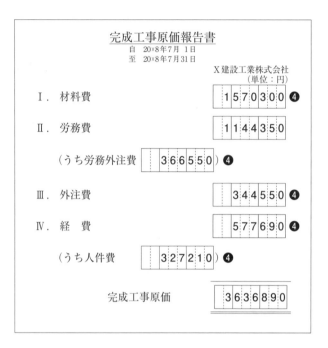

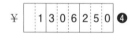

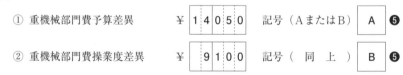

解説

1．材料費（常備材料）

⑴　甲材料費

資料３⑴より先入先出法によって各工事の消費額を計算します。

1日 前月繰越 @10,500円 30単位	7日（７０１工事） 30単位	７０１工事： @10,500円×30単位＋@11,000円×（30単位－10単位） ＝535,000円
4日 購入 @11,000円 70単位	30単位 18日戻り△10単位	
	15日（６０２工事） 40単位	６０２工事： @11,000円×40単位＋@12,000円×30単位 ＝800,000円
10日 購入 @12,000円* 50単位	30単位	
	25日（７０２工事） 戻り 10単位	７０２工事： @11,000円×10単位＋@12,000円×20単位 ＋@13,000円×30単位＝740,000円
	20単位	
21日 購入 @13,000円 50単位	30単位	
	月末在庫　20単位	

＊　（@12,500円×50単位－25,000円）÷50単位＝@12,000円

⑵　乙材料費（仮設工事用の資材）

資料３⑵より、すくい出し法により処理するため、仮設工事完了時評価額を投入額から控除します。なお、５０１工事については、月初未成工事原価の材料費125,700円（資料２⑴）から控除します。

５０１工事：月初未成工事原価から10,100円を控除

６０２工事：36,000円－11,500円＝24,500円

７０１工事：45,900円－17,300円＝28,600円

７０２工事：40,400円

2．労務費

⑴　重機械オペレーター

資料４より工事原価の計算に実際賃率を使用しているため、実際発生額を工事従事日数で割って求めた実際賃率に各工事の工事従事日数を掛けて各工事に係る労務費を計算します。

実際発生額（要支払額）805,000円－111,800円＋94,300円＝787,500円

実際賃率：787,500円÷25日＝@31,500円

５０１工事：@31,500円×３日＝94,500円

６０２工事：@31,500円×７日＋26,000円(残業手当)＝246,500円
７０１工事：@31,500円×９日＝283,500円
７０２工事：@31,500円×６日＝189,000円

⑵　労務外注費

資料５の労務外注の金額をそのまま集計します。

３．外注費

資料５の一般外注の金額をそのまま集計します。

４．経費

⑴　直接経費（人件費以外）

動力用水光熱費、労務管理費および事務用品費の合計額を計上します。

５０１工事：5,000円＋2,000円＋800円＝7,800円
６０２工事：5,700円＋4,200円＋2,200円＝12,100円
７０１工事：9,400円＋6,100円＋2,100円＝17,600円
７０２工事：11,300円＋9,400円＋4,800円＝25,500円

⑵　人件費

従業員給料手当、法定福利費、福利厚生費およびＳ氏の役員報酬額の合計額を計上します。

Ｓ氏の役員報酬額：５０１工事；$\frac{672{,}000円}{60時間\times 1.2+120時間\times 1.0}\times 8時間\times 1.2=33{,}600円$

６０２工事；〃×20時間×1.2＝84,000円
７０１工事；〃×12時間×1.2＝50,400円
７０２工事；〃×20時間×1.2＝84,000円

５０１工事：9,900円＋1,100円＋2,500円＋33,600円＝47,100円
６０２工事：18,800円＋4,050円＋4,300円＋84,000円＝111,150円
７０１工事：25,800円＋4,000円＋6,060円＋50,400円＝86,260円
７０２工事：35,100円＋5,550円＋6,800円＋84,000円＝131,450円

⑶　重機械部門費

固定予算方式によって予定配賦率を算定し、その予定配賦率に工事別の使用実績（従事時間）を掛けて計算します。

予定配賦率：234,000円÷180時間＝@1,300円
５０１工事：@1,300円×19時間＝24,700円
６０２工事：@1,300円×60時間＝78,000円
７０１工事：@1,300円×55時間＝71,500円
７０２工事：@1,300円×50時間＝65,000円

以上より工事原価計算表を作成すると以下のとおりです。

工　事　原　価　計　算　表

20×8年７月１日～20×8年７月31日　　　　　　　　（単位：円）

	５０１工事	６０２工事	７０１工事	７０２工事	合　計
月初未成工事原価	＊ 423,280	243,100	――	――	666,380
当月発生工事原価					
１．材料費					
(1)甲材料費	――	800,000	535,000	740,000	2,075,000
(2)乙材料費	――	24,500	28,600	40,400	93,500
材料費計	――	824,500	563,600	780,400	2,168,500
２．労務費					
(1)重機械オペレーター	94,500	246,500	283,500	189,000	813,500
(2)労務外注費	18,000	77,200	127,000	49,000	271,200
労務費計	112,500	323,700	410,500	238,000	1,084,700
３．外注費	26,500	97,100	155,900	65,900	345,400
４．経　費					
(1)直接経費	7,800	12,100	17,600	25,500	63,000
(2)人 件 費	47,100	111,150	86,260	131,450	375,960
(3)重機械部門費	24,700	78,000	71,500	65,000	239,200
経 費 計	79,600	201,250	175,360	221,950	678,160
当月完成工事原価	641,880	1,689,650	1,305,360	――	3,636,890
月末未成工事原価	――	――	――	1,306,250	1,306,250

＊　乙材料の仮設工事完了時評価額を控除します。433,380円－10,100円＝423,280円

問１　完成工事原価報告書の作成

当月に完成した５０１工事、６０２工事および７０１工事の工事原価を費目ごとに集計します。

（単位：円）

	５０１工事		６０２工事		７０１工事	合　計
	月　初	当　月	月　初	当　月	当　月	
材　料　費	＊ 115,600	――	66,600	824,500	563,600	**1,570,300**
労　務　費	187,100	112,500	110,550	323,700	410,500	**1,144,350**
(うち労務外注費)	(98,800)	(18,000)	(45,550)	(77,200)	(127,000)	**(366,550)**
外　注　費	34,500	26,500	30,550	97,100	155,900	**344,550**
経　　　費	86,080	79,600	35,400	201,250	175,360	**577,690**
(うち人件費)	(53,900)	(47,100)	(28,800)	(111,150)	(86,260)	**(327,210)**
合　計	423,280	218,600	243,100	1,446,550	1,305,360	**3,636,890**

＊　乙材料の仮設工事完了時評価額を控除します。125,700円－10,100円＝115,600円

問２　未成工事支出金勘定の残高

工事原価計算表の７０２工事原価：**1,306,250円**

問３　配賦差異の当月末の勘定残高

①　重機械部門費予算差異

当月の予算差異：234,000円－246,000円＝(－)12,000円（借方）

予算　実際

予算差異の勘定残高：(－)2,050円＋(－)12,000円＝**(－)14,050円**（借方残高：**A**）

②　重機械部門費操業度差異

当月の操業度差異：@1,300円×(184時間－180時間)＝(＋)5,200円（貸方）

実際　基準

操業度差異の勘定残高：(＋)3,900円＋(＋)5,200円＝**(＋)9,100円**（貸方残高：**B**）

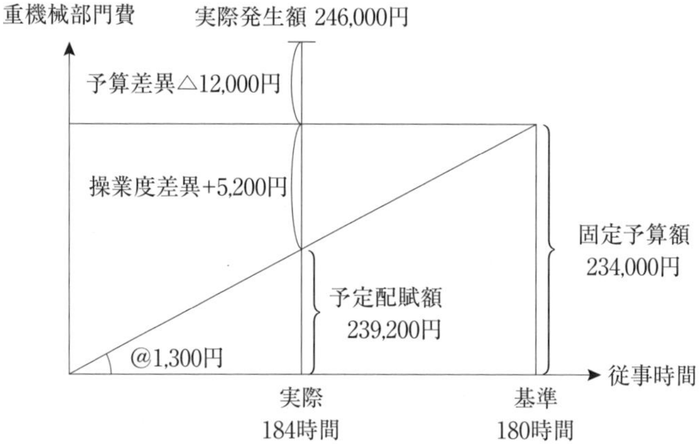

スッキリとける問題集《もんだいしゅう》　建設業経理士《けんせつぎょうけいりし》1級《きゅう》　原価計算《げんかけいさん》　第《だい》5版《はん》

2013年9月30日　初　版　第1刷発行
2024年6月25日　第5版　第1刷発行

編　著　者　TAC出版開発グループ
発　行　者　多　田　敏　男
発　行　所　TAC株式会社　出版事業部
（TAC出版）
〒101-8383
東京都千代田区神田三崎町3-2-18
電話 03（5276）9492（営業）
FAX 03（5276）9674
https://shuppan.tac-school.co.jp
印　　刷　株式会社　ワ　コ　ー
製　　本　東京美術紙工協業組合

ISBN 978-4-300-11209-0
N.D.C. 336

乱丁・落丁による交換，および正誤のお問合せ対応は，該当書籍の改訂版刊行月末日までといたします。なお，交換につきましては，書籍の在庫状況等により，お受けできない場合もございます。
また，各種本試験の実施の延期，中止を理由とした本書の返品はお受けいたしません。返金もいたしかねますので，あらかじめご了承くださいますようお願い申し上げます。

建設業経理士検定講座のご案内

Web通信講座　DVD通信講座　資料通信講座（1級総合本科生のみ）

オリジナル教材　合格までのノウハウを結集！

これが TAC

テキスト

試験の出題傾向を徹底分析。最短距離での合格を目標に、確実に理解できるように工夫されています。

トレーニング

合格を確実なものとするためには欠かせないアウトプットトレーニング用教材です。出題パターンと解答テクニックを修得してください。

的中答練

講義を一通り修了した段階で、本試験形式の問題練習を繰り返しトレーニングします。これにより、一層の実力アップが図れます。

DVD

TAC専任講師の講義を収録したDVDです。画面を通して、講義の迫力とポイントが伝わり、よりわかりやすく、より効率的に学習が進められます。［DVD通信講座のみ送付］

学習メディア　ライフスタイルに合わせて選べる！

Web通信講座

スマホやタブレットにも対応

見て学ぶ

講義をブロードバンドを利用し動画で配信します。ご自身のペースに合わせて、24時間いつでも何度でも繰り返し受講することができます。また、講義動画は専用アプリにダウンロードして2週間視聴可能です。有効期間内は何度でもダウンロード可能です。

※Web通信講座の配信期間は、受講された試験月の末日までです。

TAC WEB SCHOOL ホームページ URL https://portal.tac-school.co.jp/

※お申込み前に、右記のサイトにて必ず動作環境をご確認ください。

DVD通信講座

見て学ぶ

講義を収録したデジタル映像をご自宅にお届けします。
配信期限やネット環境を気にせず受講できるので安心です。

※DVD-Rメディア対応のDVDプレーヤーでのみ受講が可能です。パソコンやゲーム機での動作保証はいたしておりません。

資料通信講座
（1級総合本科生のみ）

テキスト・添削問題を中心として学習します。

Webでも無料配信中！　スマホ タブレット　パソコン　「TAC動画チャンネル」

- 入門セミナー　※収録内容の変更のため、配信されない期間が生じる場合がございます。
- 1回目の講義（前半分）が視聴できます

詳しくは、TACホームページ
「TAC動画チャンネル」をクリック！

TAC動画チャンネル　建設業　検索

コースの詳細は、建設業経理士検定講座パンフレット・TACホームページをご覧ください。

パンフレットのご請求・お問い合わせは、
TACカスタマーセンターまで

通話無料 0120-509《ゴウカク》-117《イイナ》

※営業時間短縮の場合がございます。
詳細はHPでご確認ください。

受付時間　月〜金　9:30〜19:00
土・日・祝　9:30〜18:00

TAC建設業経理士検定講座ホームページ

TAC建設業　検索

合格カリキュラム　ご自身のレベルに合わせて無理なく学習！

1級受験対策コース　財務諸表　財務分析　原価計算

1級総合本科生　対象　日商簿記2級・建設業2級修了者、日商簿記1級修了者

財務諸表		財務分析		原価計算	
財務諸表本科生		財務分析本科生		原価計算本科生	
財務諸表講義	財務諸表的中答練	財務分析講義	財務分析的中答練	原価計算講義	原価計算的中答練

※上記の他、1級的中答練セットもございます。

2級受験対策コース

2級本科生（日商3級講義付）　対象　初学者（簿記知識がゼロの方）

日商簿記3級講義	2級講義	2級的中答練

2級本科生　対象　日商簿記3級・建設業3級修了者

2級講義	2級的中答練

日商2級修了者用2級セット　対象　日商簿記2級修了者

日商2級修了者用2級講義	2級的中答練

※上記の他、単科申込みのコースもございます。※上記コース内容は予告なく変更される場合がございます。あらかじめご了承ください。

合格カリキュラムの詳細は、TACホームページをご覧になるか、パンフレットにてご確認ください。

安心のフォロー制度　充実のバックアップ体制で、学習を強力サポート！

＝Web・DVD・資料通信講座でのフォロー制度です。

1. 受講のしやすさを考えた制度

随時入学

“始めたい時が開講日”。視聴開始日・送付開始日以降ならいつでも受講を開始できます。

2. 困った時、わからない時のフォロー

質問電話

講師とのコミュニケーションツール。疑問点・不明点は、質問電話ですぐに解決しましょう。

質問カード

講師と接する機会の少ない通信受講生も、質問カードを利用すればいつでも疑問点・不明点を講師に質問し、解決できます。また、実際に質問事項を書くことによって、理解も深まります（利用回数：10回）。

質問メール

受講生専用のWebサイト「マイページ」より質問メール機能がご利用いただけます（利用回数：10回）。

※質問カード、メールの使用回数の上限は合算で10回までとなります。

3. その他の特典

再受講割引制度

過去に、本科生（1級各科目本科生含む）を受講されたことのある方が、同一コースをもう一度受講される場合には再受講割引受講料でお申込みいただけます。

※以前受講されていた時の会員証をご提示いただき、お手続きをしてください。

※テキスト・問題集はお渡ししておりませんのでお手持ちのテキスト等をご使用ください。テキスト等のver.変更があった場合は、別途お買い求めください。

会計業界の就職サポートは
安心のTAC
TACキャリアエージェントなら
BIG4・国内大手法人
就職支援実績多数！
税理士学習中の方
日商簿記学習中の方
会計士／USCPA学習中の方
会計業界で就業中の方で転職をお考えの方
会計業界でのお仕事に興味のある方
「残業なしで勉強時間を確保したい…」
「簿記３級から始められる仕事はあるの？」
といったご相談も大歓迎です！
スキマ時間に
PC・スマホ・タブレットで
WEB面談実施中!
忙しくて時間の取れない方、遠方にお住まいの方、ぜひご利用ください。
詳細はこちら!
https://tacnavi.com/accountant/web-mendan/
完全予約制
ご相談は無料です。会計業界を知り尽くしたプロのコンサルタントにご相談ください。
※相談時間は原則としてお一人様60分とさせていただきます。
【相談会場】
東京オフィス 03-3518-6775
大阪オフィス 06-6371-5851
名古屋オフィス（登録会場） 0120-757-655
shoukai@tac-school.co.jp
メールでご予約の際は、件名に「相談希望のオフィス」をご記入ください。
(例：相談希望 東京)
TAC
会計士・税理士専門の転職サポートサービス
キャリアエージェント

TAC出版

(2024年2月現在)

書籍のご購入は

1 全国の書店、大学生協、ネット書店で

2 TAC各校の書籍コーナーで

資格の学校TACの校舎は全国に展開!
校舎のご確認はホームページにて

資格の学校TAC ホームページ
https://www.tac-school.co.jp

3 TAC出版書籍販売サイトで

CYBER BOOK STORE TAC出版書籍販売サイト

24時間 ご注文 受付中

TAC 出版 で 検索

https://bookstore.tac-school.co.jp/

新刊情報を いち早くチェック!

たっぷり読める 立ち読み機能

学習お役立ちの 特設ページも充実!

TAC出版書籍販売サイト「サイバーブックストア」では、TAC出版および早稲田経営出版から刊行されている、すべての最新書籍をお取り扱いしています。
また、会員登録(無料)をしていただくことで、会員様限定キャンペーンのほか、送料無料サービス、メールマガジン配信サービス、マイページのご利用など、うれしい特典がたくさん受けられます。

サイバーブックストア会員は、特典がいっぱい!(一部抜粋)

通常、1万円(税込)未満のご注文につきましては、送料・手数料として500円(全国一律・税込)頂戴しておりますが、1冊から無料となります。

専用の「マイページ」は、「購入履歴・配送状況の確認」のほか、「ほしいものリスト」や「マイフォルダ」など、便利な機能が満載です。

メールマガジンでは、キャンペーンやおすすめ書籍、新刊情報のほか、「電子ブック版TACNEWS(ダイジェスト版)」をお届けします。

書籍の発売を、販売開始当日にメールにてお知らせします。これなら買い忘れの心配もありません。

書籍の正誤に関するご確認とお問合せについて

書籍の記載内容に誤りではないかと思われる箇所がございましたら、以下の手順にてご確認とお問合せをしてくださいますよう、お願い申し上げます。
なお、正誤のお問合せ以外の**書籍内容に関する解説および受験指導などは、一切行っておりません。**
そのようなお問合せにつきましては、お答えいたしかねますので、あらかじめご了承ください。

1 「Cyber Book Store」にて正誤表を確認する

TAC出版書籍販売サイト「Cyber Book Store」の
トップページ内「正誤表」コーナーにて、正誤表をご確認ください。

CYBER TAC出版書籍販売サイト
BOOK STORE

URL:https://bookstore.tac-school.co.jp/

2 1の正誤表がない、あるいは正誤表に該当箇所の記載がない ⇒ 下記①、②のどちらかの方法で文書にて問合せをする

★ご注意ください★

お電話でのお問合せは、お受けいたしません。
①、②のどちらの方法でも、お問合せの際には、「お名前」とともに、
「対象の書籍名(○級・第○回対策も含む)およびその版数(第○版・○○年度版など)」
「お問合せ該当箇所の頁数と行数」
「誤りと思われる記載」
「正しいとお考えになる記載とその根拠」
を明記してください。
なお、回答までに1週間前後を要する場合もございます。あらかじめご了承ください。

① ウェブページ「Cyber Book Store」内の「お問合せフォーム」より問合せをする

【お問合せフォームアドレス】

https://bookstore.tac-school.co.jp/inquiry/

② メールにより問合せをする

【メール宛先 TAC出版】

syuppan-h@tac-school.co.jp

※土日祝日はお問合せ対応をおこなっておりません。
※正誤のお問合せ対応は、該当書籍の改訂版刊行月末日までといたします。

乱丁・落丁による交換は、該当書籍の改訂版刊行月末日までといたします。なお、書籍の在庫状況等により、お受けできない場合もございます。
また、各種本試験の実施の延期、中止を理由とした本書の返品はお受けいたしません。返金もいたしかねますので、あらかじめご了承くださいますようお願い申し上げます。

TACにおける個人情報の取り扱いについて
■お預かりした個人情報は、TAC(株)で管理させていただき、お問合せへの対応、当社の記録保管にのみ利用いたします。お客様の同意なしに業務委託先以外の第三者に開示、提供することはございません(法令等により開示を求められた場合を除く)。その他、個人情報保護管理者、お預かりした個人情報の開示等及びTAC(株)への個人情報の提供の任意性については、当社ホームページ(https://www.tac-school.co.jp)をご覧いただくか、個人情報に関するお問い合わせ窓口(E-mail:privacy@tac-school.co.jp)までお問合せください。

(2022年7月現在)

別　冊

○論点別問題編　解答用紙

○過去問題編　　問題・解答用紙

〈ご利用時の注意〉

本冊子には**論点別問題編 解答用紙**と**過去問題編 問題・解答用紙**が収録されています。

この色紙を残したままていねいに抜き取り、ご利用ください。

本冊子は以下のような構造になっております。

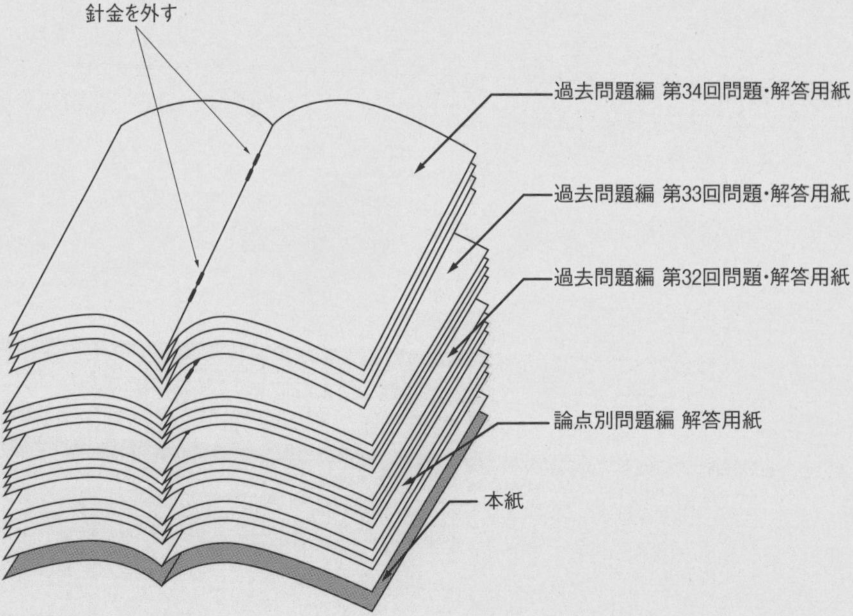

上下2カ所の針金を外してご使用ください。

針金を外す際には、ペンチ、軍手などを使用し、怪我などには十分ご注意ください。また、抜き取りの際の損傷についてのお取替えはご遠慮願います。

論点別問題編

解答用紙

解答用紙はダウンロードもご利用いただけます。
TAC出版書籍販売サイト・サイバーブックストアにアクセスしてください。
https://bookstore.tac-school.co.jp/

問題 1

問題 2

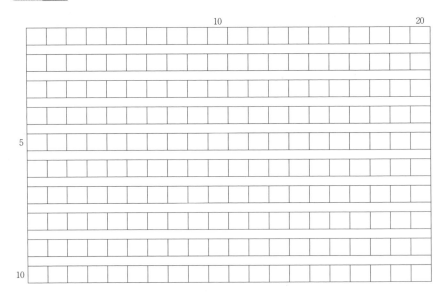

問題 3

	1	2	3	4	5
記号　（ア～ツ）					

問題 4

1．建設業の特質	2．建設業原価計算への影響
①	
②	
③	
④	
⑤	
⑥	
⑦	
⑧	
⑨	
⑩	
⑪	

問題 5

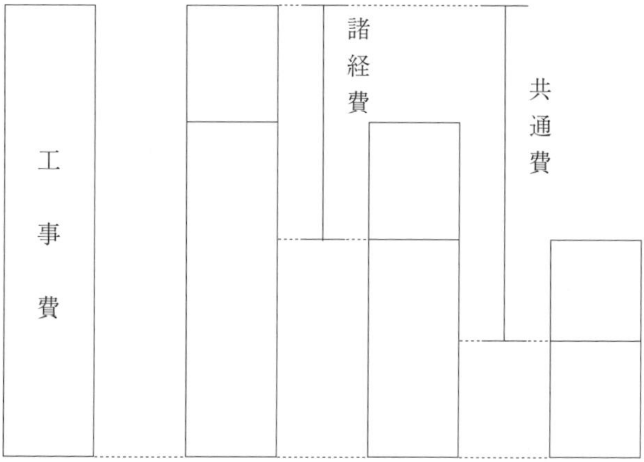

問題 6

①

〔説明〕

②

〔説明〕

問題 7

〔問１〕

直接工事費に算入される材料費の金額　　　　　　円

材料副費配賦差異　　　　　　円（　　　　　）

〔問２〕

A　　　　　　円

B　　　　　　円

C　　　　　　円

D　　　　　　円

E　　　　　　円

問題 8

完成工事原価　　　　　　円

問題 9

	正誤	理由
①		
②		
③		
④		
⑤		

問題 10

問題 11

〔問1〕

（単位：円）

	No.201	No.202	No.203
①			
②			
③			
④			
⑤			

〔問2〕

① 正常配賦率　　＿＿＿＿円／MH＿＿＿＿

② 工事間接費配賦差異　　＿＿＿＿円（　　　）＿＿＿＿

内訳…予算差異　　＿＿＿＿円（　　　）＿＿＿＿

操業度差異　　＿＿＿＿円（　　　）＿＿＿＿

問題 12

〔問1〕

工事原価計算表

×1年12月次

（単位：円）

	No.157	No.158	No.159	No.160	合　計
月初未成工事原価	(　　)	(　　)	(　　)	(　　)	(　　)
当月発生工事原価					
1. 材料費					
(1) 甲材料費	(　　)	(　　)	(　　)	(　　)	(　　)
(2) 乙材料費	(　　)	(　　)	(　　)	(　　)	(　　)
[材料費計]	(　　)	(　　)	(　　)	(　　)	(　　)
2. 労務費					
G作業費	(　　)	(　　)	(　　)	(　　)	(　　)
3. 外注費					
(1) P工事費	33,800	135,600	222,000	90,500	481,900
(2) Q工事費	53,500	299,000	376,400	152,100	881,000
[外注費計]	87,300	434,600	598,400	242,600	1,362,900
4. 経費					
(1) 直接経費	(　　)	(　　)	(　　)	(　　)	(　　)
(2) 機械部門費	(　　)	(　　)	(　　)	(　　)	(　　)
(3) 共通職員人件費	(　　)	(　　)	(　　)	(　　)	(　　)
[経費計]	(　　)	(　　)	(　　)	(　　)	(　　)
当月完成工事原価	(　　)	(　　)	(　　)	(　　)	(　　)
月末未成工事原価	(　　)	(　　)	(　　)	(　　)	(　　)

〔問２〕

完成工事原価報告書

自　×1年12月１日　至　×1年12月31日　（単位：円）

ゴエモン建設株式会社

Ⅰ．材　料　費	
Ⅱ．労　務　費	
（うち労務外注費	）
Ⅲ．外　注　費	
Ⅳ．経　　　費	
（うち人件費	）
完成工事原価	

〔問３〕

予算差異	円	記号（AまたはB）	
操業度差異	円	記号（AまたはB）	

問題 13

〔問1〕

工 事 原 価 計 算 表

×2年1月次 (単位：円)

	No.252	No.253	No.254	No.255	合　計
月初未成工事原価	(　)	(　)	(　)	(　)	(　)
当月発生工事原価					
1. 材　料　費					
(1) X 材 料 費	(　)	(　)	(　)	(　)	(　)
(2) Y 材 料 費	(　)	(　)	(　)	(　)	(　)
2. 労　務　費					
Z 作 業 費	(　)	(　)	(　)	(　)	(　)
3. 外　注　費	34,500	645,000	450,000	198,500	1,328,000
4. 経　　　費					
(1) 直 接 経 費	(　)	(　)	(　)	(　)	(　)
(2) 重機械部門費	(　)	(　)	(　)	(　)	(　)
(3) 共通職員人件費	(　)	(　)	(　)	(　)	(　)
当月完成工事原価	(　)	(　)	(　)	(　)	(　)
月末未成工事原価	(　)	(　)	(　)	(　)	(　)

〔問2〕

完成工事原価報告書

自　×2年1月1日　至　×2年1月31日　(単位：円)

ゴエモン建設株式会社

Ⅰ. 材　料　費	(　)
Ⅱ. 労　務　費	(　)
Ⅲ. 外　注　費	(　)
Ⅳ. 経　　　費	(　)
(うち人件費　)	
完成工事原価	(　)

〔問3〕

(1) Y材料費の消費価格差異　(　　)円　記号（AまたはB）☐

(2) 重機械経費の予算差異　(　　)円　記号（AまたはB）☐

重機械経費の操業度差異　(　　)円　記号（AまたはB）☐

問題 14

記号（A～N）	①	②	③	④	⑤	⑥	⑦

問題 15

問題 16

(1) 伝統的原価計算

	A工事	B工事
工事総利益	（　　　　）円	（　　　　）円
工事総利益率	（　　　　）%	（　　　　）%

(2) 活動基準原価計算

	A工事	B工事
工事総利益	（　　　　）円	（　　　　）円
工事総利益率	（　　　　）%	（　　　　）%

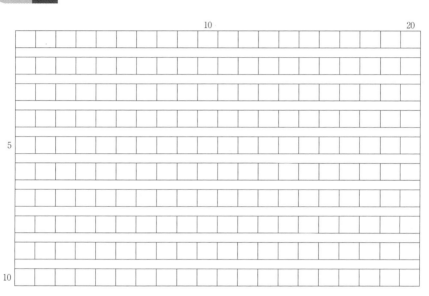

問題 17

	①	②	③	④	⑤
記号 (A～J)					

問題 18

部　門　費　配　分　表

×1年12月分　　　　(単位：円)

費　　目	金　額	配賦基準	施　工　部　門		補　助　部　門		
			第1部門	第2部門	動力部門	運搬部門	管理部門
部門個別費							
間接材料費		——					
間接労務費		——					
個別費							
部門共通費							
建物関係費		占有面積					
支払電力料		電灯数					
福利厚生費		従業員数					
支払運賃		運搬回数					
共通費計							
部門費合計							

問題 19

部　門　費　振　替　表

(単位：円)

摘　　要	合　　計	施　工　部　門		補　助　部　門		
		第1部門	第2部門	動力部門	修繕部門	事務部門
部門費						
動力部門						
修繕部門						
事務部門						
施工部門費計						

問題20

〔問1〕

第1施工部に対する配賦額：＿＿＿＿＿＿＿＿円

第2施工部に対する配賦額：＿＿＿＿＿＿＿＿円

〔問2〕

第1施工部に対する配賦額：＿＿＿＿＿＿＿＿円

第2施工部に対する配賦額：＿＿＿＿＿＿＿＿円

〔問3〕

第1施工部に対する配賦額：＿＿＿＿＿＿＿＿円

第2施工部に対する配賦額：＿＿＿＿＿＿＿＿円

配　賦　差　異：＿＿＿＿＿＿＿＿円（　　　　差異）

〔問4〕

第1施工部に対する配賦額：＿＿＿＿＿＿＿＿円

第2施工部に対する配賦額：＿＿＿＿＿＿＿＿円

配　賦　差　異：＿＿＿＿＿＿＿＿円（　　　　差異）

保　全　部　(単位：円)

変動費実際発生額	(　　　)	第1施工部への配賦額	
固定費実際発生額	(　　　)	変　動　費	(　　　)
		固　定　費	(　　　)
		第2施工部への配賦額	
		変　動　費	(　　　)
		固　定　費	(　　　)
		総　差　異	(　　　)
	(　　　)		(　　　)

問題 21

(1)

仮設部門費	
114,000	(　　　)
(　　　)	(　　　)
(　　　)	(　　　)

機械部門費	
228,000	(　　　)
(　　　)	(　　　)
(　　　)	(　　　)

補助部門費	
132,000	(　　　)
(　　　)	(　　　)
(　　　)	(　　　)

A　工　事	
(　　　)	
(　　　)	

B　工　事	
(　　　)	
(　　　)	

(2)

仮設部門費	
114,000	(　　　)
(　　　)	(　　　)
(　　　)	(　　　)

機械部門費	
228,000	(　　　)
(　　　)	(　　　)
(　　　)	(　　　)

補助部門費	
132,000	(　　　)
(　　　)	(　　　)
(　　　)	(　　　)

A　工　事	
(　　　)	
(　　　)	

B　工　事	
(　　　)	
(　　　)	

(3)

仮設部門費	
114,000	(　　　)
(　　　)	(　　　)
(　　　)	(　　　)

機械部門費	
228,000	(　　　)
(　　　)	(　　　)
(　　　)	(　　　)

補助部門費	
132,000	(　　　)
(　　　)	(　　　)
(　　　)	(　　　)

A　工　事	
(　　　)	
(　　　)	

B　工　事	
(　　　)	
(　　　)	

問題 22

	(1) 固定予算		(2) 変動予算	
	金　　額	記　号	金　　額	記　号
工事間接費配賦差異	円		円	
予　算　差　異	円		円	
操　業　度　差　異	円		円	

問題 23

〔問1〕

機械部門機種別予算表

(単位：円)

費　目	合　計	配賦基準	A機種センター	B機種センター	C機種センター
個　別　費					
減価償却費		──			
修　繕　費		──			
燃　料　費		──			
給料手当		──			
個別費計					
共　通　費					
消耗品費		従業員数			
福利厚生費		従業員数			
賞与引当金		従業員数			
租税公課		機械簿価			
家　賃		使用面積			
雑　費		予定運転時間			
共通費計					
合　計					
予定運転時間			時間	時間	時間
使用率/時間					

〔問2〕

201工事配賦額：＿＿＿＿＿＿＿円

202工事配賦額：＿＿＿＿＿＿＿円

203工事配賦額：＿＿＿＿＿＿＿円

問題 24

(1)

車 両 費 率 算 定 表　　　　(単位：円)

費　　目	合　　計	配賦基準	車　両　A	車　両　B	車　両　C
個　別　費					
燃　料　費		——	56,567	63,150	88,868
減価償却費		——	222,123	200,340	297,537
租 税 公 課		——	68,009	30,400	20,080
修　繕　費		——	110,090	39,444	37,959
個別費計					
共　通　費					
油脂関係費		予定走行距離			
消 耗 品 費		車 両 重 量			
福利厚生費		関 係 人 員			
雑　　費		減 価 償 却 費			
共通費計					
合　　計					
予定走行距離			km	km	km
車 両 費 率			@	@	@

(2) 25号工事の車両費配賦額 　　　　円

問題 25

〔問１〕

車両部門・車両別予算表

（単位：円）

費　　目	合　　計	配賦基準	車　両　A	車　両　B	車　両　C
個　別　費					
減価償却費		——			
修　繕　費		——			
燃　料　費		——			
租 税 公 課		——			
賃　借　料		——			
通　行　料		——			
個別費計					
共　通　費					
油脂関係費		予定走行距離			
消 耗 品 費		取 得 原 価			
福利厚生費		従 業 員 数			
雑　　費		従 業 員 数			
共通費計					
合　　計					
予定走行距離			km	km	km
車両費率(円／km)					

〔問２〕

（単位：円）

	(A)　予定走行距離による配賦額	(B)　実際走行距離による配賦額
150工事		
151工事		
152工事		

問題 26

① 供用１日あたり損料 ＿＿＿＿＿＿ 円

② No.255現場配賦額 ＿＿＿＿＿＿ 円

③ No.256現場配賦額 ＿＿＿＿＿＿ 円

④ 当月の損料差異 ＿＿＿＿＿＿ 円（　　　）

問題27

I工事現場配賦額　　円

W工事現場配賦額　　円

当月の損料差異　　円　記号（AまたはB）

問題28

運転1時間あたり損料　　円

供用1日あたり損料　　円

当月の損料差異　　円　記号（AまたはB）

問題29

運転1時間あたり損料　　円

供用1日あたり損料　　円

当月の損料差異　　円　記号（AまたはB）

過去問題編

問題・解答用紙

3回分収載

●第32回試験（2023年3月実施）

●第33回試験（2023年9月実施）

●第34回試験（2024年3月実施）

解答用紙はダウンロードもご利用いただけます。
TAC出版書籍販売サイト・サイバーブックストアにアクセスしてください。
https://bookstore.tac-school.co.jp/

第32回　問題

第1問
20点

次の問に解答しなさい。各問ともに指定した字数以内で記入すること。

問1　財務諸表作成目的のために実施される実際原価計算制度の3つの計算ステップについて説明しなさい。(250字)

問2　標準原価の種類を改訂頻度の観点から説明しなさい。(250字)

第2問
10点

次の文章の［　　］の中に入るべき最も適切な用語を下記の〈用語群〉の中から選び、その記号（ア～タ）を解答用紙の所定の欄に記入しなさい。

(1)　補助部門の［ 1 ］とは、補助経営部門が相当の規模になった場合に、これを独立した経営単位とし、部門別計算上、施工部門として扱うことと解釈される。

(2)　間接費の配賦に際して、数年という景気の1循環期間にわたってキャパシティ・コストを平均的に吸収させようとする考えで選択された操業水準を［ 2 ］という。

(3)　経費のうち、従業員給料手当、退職金、［ 3 ］および福利厚生費を人件費という。

(4)　個別原価計算における間接費は、原則として、［ 4 ］率をもって各指図書に配賦する。

第３問　14点

当社の大型クレーンに関する損料計算用の〈資料〉は次のとおりである。下の設問に解答しなさい。なお、計算の過程で端数が生じた場合は、計算途中では四捨五入せず、最終数値の円未満を四捨五入すること。

〈資料〉

1．大型クレーンは本年度期首において￥32,000,000（基礎価格）で購入したものである。

2．耐用年数８年、償却費率90％、減価償却方法は定額法を採用する。

3．大型クレーンの標準使用度合は次のとおりである。

　年間運転時間　1,000時間　　年間供用日数　200日

4．年間の管理費予算は、基礎価格の７％である。

5．修繕費予算は、定期修繕と故障修繕があるため、次のように設定する。損料計算における修繕費率は、各年平均化するものとして計算する。

　修繕費予算１～３年度　各年度　￥2,100,000

　　　　　　４～８年度　各年度　￥2,500,000

6．初年度３月次における大型クレーンの現場別使用実績は次のとおりである。

	供用日数	運転時間
M現場	４日	15時間
N現場	12日	58時間
その他の現場	３日	14時間

第4問 20点

当社では、新製品である製品Nを新たに生産・販売する案（N投資案）を検討している。製品Nの製品寿命は5年であり、各年度の生産量と販売量は等しいとする。次の〈資料〉に基づいて、下の設問に答えなさい。なお、すべての設問について税金の影響を考慮すること。また、製品Nの各年度にかかわるキャッシュ・フローは、特に指示がなければ各年度末にまとめて発生するものとする。

〈資料〉

1．製品Nに関する各年度の損益計算（単位：千円）

	製品N
売上高	4,000,000
変動売上原価	1,800,000
変動販売費	275,000
貢献利益	1,925,000
固定製造原価	1,250,000
固定販売費及び一般管理費	150,000
営業利益	525,000

2．設備投資に関する資料

製品Nを生産する場合は設備Nを購入し使用する。設備Nの購入原価は5,000,000千円である。設備Nの減価償却費の計算は、耐用年数5年、5年後の残存価額ゼロの定額法で行われ

第5問 36点

下記の〈資料〉は、当社（当会計期間：20×7年4月1日～20×8年3月31日）における20×7年7月の工事原価計算関係資料である。次の設問に解答しなさい。なお、計算の過程で端数が生じた場合は、計算途中では四捨五入せず、最終数値の円未満を四捨五入すること。

問1　当会計期間の車両部門費の配賦において使用する走行距離1km当たり車両費予定配賦率（円/km）を計算しなさい。

問2　工事完成基準を採用して、当月の工事原価計算表を作成しなさい。

問3　次の原価差異の当月発生額を計算しなさい。なお、それらについて、有利差異の場合は「A」、不利差異の場合は「B」を解答用紙の所定の欄に記入すること。

①　材料副費配賦差異　　②　労務費賃率差異　　③　重機械部門費操業度差異

〈資料〉

1．当月の請負工事の状況

工事番号	工事着工	工事竣工
781	20×7年2月	20×7年7月
782	20×7年3月	20×7年7月
783	20×7年7月	20×7年7月
784	20×7年7月	7月末現在未成

⑵　B材料は工事引当材料で、当月の工事別引当購入額は次のとおりである。当月中に残材は発生していない。

（単位：円）

工事番号	781	782	783	784	合　計
引当購入額（送り状価格）	67,000	140,000	147,000	199,000	553,000

B材料の購入については、購入時に３％の材料副費を予定配賦して工事別の購入原価を決定している。当月の材料副費実際発生額は¥14,480であった。

4．当月の労務費に関する資料

当社では、専門工事のC作業について常雇従業員による工事を行っている。この労務費計算については予定平均賃率法を採用しており、当月の労務作業1時間当たり賃率は¥2,600である。当月の工事別労務作業時間は次のとおりである。なお、当月の労務費実際発生額は¥333,300であった。

（単位：時間）

工事番号	781	782	783	784	合　計
労務作業時間	20	33	38	34	125

5．当月の外注費に関する資料

当社では専門工事のD工事とE工事を外注している。D工事は重機械提供を含むもの（一般外注）であり、E工事は労務提供を主体とするもの（労務外注）である。工事別当月実績発生額は次のとおりである。

(b)　車両共通費

油脂関係費　183,000円　　消耗品費　126,000円　　福利厚生費　97,300円

雑費　66,000円

(c)　車両共通費の配賦基準と配賦基準数値

摘　要	配賦基準	車両F	車両G
油脂関係費	予定走行距離（km）	680	820
消耗品費	車両重量（t）×台数	16	12
福利厚生費	運転者人員（人）	3	4
雑費	減価償却費（円）	個別費の車両別内訳を参照のこと	

②　当月の現場別車両使用実績（走行距離）

（単位：km）

工事番号	781	782	783	784	合　計
車両F	1	11	25	20	57
車両G	5	17	23	23	68

③　車両部門費はすべて経費として処理する。

(2)　常雇従業員による専門工事のC作業に係る重機械部門費の配賦については、変動予算方式の予定配賦法を採用している。当月の関係資料は次のとおりである。固定費から予算差異は生じていない。

①　基準作業時間（月間）　C労務作業　130時間

第32回　解答用紙

第1問　20点

解答にあたっては、各問とも指定した字数以内（句読点を含む）で記入すること。

問1

第2問　10点

記号（ア～タ）

1	2	3	4	5

第3問　14点

問1

運転1時間当たり損料額　¥

供用1日当たり損料額　¥

問2

M現場への配賦額　¥

第4問　20点

問1

千円

問2

年

問3

%

問4

千円

問5

年

第5問　36点

問1　走行距離1 km当たり車両費予定配賦率

車両F　　　　円/km

車両G　　　　円/km

問2

工事原価計算表
20×7年7月

（単位：円）

工事番号	781	782	783	784	合　計
月初未成工事原価			—	—	
当月発生工事原価					
1．材料費					
(1)A仮設資材費					
(2)B引当材料費					
［材料費計］					
2．労務費					

第33回　問題

第1問　20点

次の問に解答しなさい。各問ともに指定した字数以内で記入すること。

問1　建設業で用いられる事前原価の種類について説明しなさい。(250字)

問2　工事間接費の配賦に予定配賦法を用いることの二つの意義について説明しなさい。(250字)

第2問　10点

当社の品質コストに関する次の〈資料〉を参照しながら、下記の文章の［　　］に入れるべき最も適当な用語・数値を〈用語・数値群〉の中から選び、その記号（ア～ス）で解答しなさい。

〈資料〉

	現在	1年後
苦情処理費	9,900 万円	8,100 万円
建物設計改善費	12,100 万円	12,900 万円
損害賠償費	4,100 万円	3,200 万円
購入資材受入検査費	4,400 万円	5,000 万円
訴訟費	7,800 万円	7,200 万円
品質保証教育訓練費	1,700 万円	2,300 万円

第3問 18点

当社では、鉄筋工事を第1部門と第2部門で実施している。また、両部門に共通して補助的なサービスを提供している運搬部門、修繕部門、経営管理部門を独立させて、部門ごとの原価管理を実施している。

次の〈資料〉に基づいて、下記の設問に示された方法によって補助部門費の配賦を行う場合、各補助部門から第1部門に配賦される金額の合計額をそれぞれ計算しなさい。なお、計算の過程で端数が生じた場合は、各補助部門費の配賦すべき金額の計算結果の段階で円未満を四捨五入すること。

〈資料〉

1．部門費配分表に集計された各部門費の合計金額

（単位：円）

第1部門	第2部門	運搬部門	修繕部門	経営管理部門
610,000	590,000	288,000	342,000	190,800

2．各補助部門の他部門へのサービス提供割合

（単位：％）

	第1部門	第2部門	運搬部門	修繕部門	経営管理部門
運搬部門	40	50	—	10	—
修繕部門	50	40	10	—	—
経営管理部門	30	30	30	10	—

第4問 18点

当社では現在（当月初時点）、次の２つの代替案のどちらを採用するほうが有利であるかを検討している。次の〈資料〉に基づいて、下記の設問に答えなさい。

代替案１　当月、Ａ部品を500個製造し、Ｂ部品を250個製造する案
代替案２　当月、Ａ部品を750個製造し、Ｂ部品をまったく製造しない案

〈資料〉

1．一定の月間生産能力を利用して、建設資材であるＡ部品とＢ部品を製造販売している。Ａ部品だけを製造すれば750個製造でき、Ｂ部品だけを製造しても750個製造できる。
2．Ａ部品を製造する場合とＢ部品を製造する場合で、使用する材料がただ１品目だけ異なる。その他の製造条件はすべてＡ部品製造とＢ部品製造でまったく同じとする。そのＡ部品とＢ部品で異なる材料であるが、Ａ部品を製造するのに固有の材料ａ、Ｂ部品を製造するのに固有の材料ｂがそれぞれ必要である。
3．２つの代替案のどちらを採用しても、製造した部品は全量が販売可能であるものとする。
4．下記の問１から問３では、Ａ部品、Ｂ部品はともに１個当たり5,000円で販売できるものとする。

問１　当月初にＡ部品製造の材料ａとＢ部品製造の材料ｂのどちらも保有在庫が無いため、それらの材料を必要量だけ新たに購入したうえで、製造を行うものとする。Ａ部品１個当たりの材料

第5問　34点

下記の〈資料〉は、X建設工業株式会社（当会計期間：20×1年4月1日～20×2年3月31日）における20×1年10月の工事原価計算関係資料である。次の設問に解答しなさい。月次で発生する原価差異は、そのまま翌月に繰り越す処理をしている。なお、計算の過程で端数が生じた場合は、計算途中では四捨五入せず、最終数値の円未満を四捨五入すること。

問1　当月の完成工事原価報告書を作成しなさい。ただし、収益の認識は工事完成基準を採用すること。

問2　当月末における未成工事支出金の勘定残高を計算しなさい。

問3　次の配賦差異について、当月末の勘定残高を計算しなさい。なお、それらの差異については、借方残高の場合は「A」、貸方残高の場合は「B」を解答用紙の所定の欄に記入すること。

①　運搬車両部門費予算差異　　②　運搬車両部門費操業度差異

〈資料〉

1．当月の工事の状況

工事番号	着工	竣工
032	20×1年 3月	20×1年10月
053	20×1年 5月	20×1年10月
101	20×1年10月	（未完成）

3．当月の材料費に関する資料

(1)　甲材料は常備材料で、材料元帳を作成して実際消費額を計算している。消費単価の計算については先入先出法を採用している。当月の受払いに関する資料は次のとおりである。

日　付	摘　要	数量（個）	単価（円）
10月1日	前月繰越	50 30	10,000（先に購入） 12,000（後から購入）
5日	購入	100	14,000
8日	０５３工事へ払出し	70	
15日	１０１工事へ払出し	80	
18日	購入	50	15,000
20日	戻り	10	
25日	１０２工事へ払出し	60	

（注１）20日の戻りは15日出庫分である。戻りは出庫の取り消しとして処理する。

（注２）棚卸減耗は発生しなかった。

(2)　乙材料は仮設工事用の資材で、工事原価への算入はすくい出し法により処理している。当月の工事別関係資料は次のとおりである。

（単位：円）

工事番号	０３２	０５３	１０１	１０２
当月仮設資材投入額	43,700	（注）	39,700	42,900
仮設工事完了時評価額	14,600	10,600	（仮設工事未了）	29,100

（注）０５３工事の仮設工事は前月までに完了し、その資材投入額は前月末の未成工事支出

6．当月の経費に関する資料

(1) 直接経費の内訳は次のとおりである。

（単位：円）

工事番号	０３２	０５３	１０１	１０２	合計
従業員給料手当	66,700	109,700	107,200	49,000	332,600
労務管理費	48,900	85,400	87,000	40,100	261,400
法定福利費	7,100	13,300	17,200	6,770	44,370
福利厚生費	7,400	21,000	31,700	9,170	69,270
雑費他	22,100	30,200	42,500	21,100	115,900
計	152,200	259,600	285,600	126,140	823,540

（注）経費に含まれる人件費の計算において、退職金および退職給付引当金繰入額は考慮しない。

(2) 役員であるＱ氏は一般管理業務に携わるとともに、施工管理技術者の資格で現場管理業務も兼務している。役員報酬のうち、担当した当該業務に係る分は、従事時間数により工事原価に算入している。また、工事原価と一般管理費の業務との間には等価係数を設定している。関係資料は次のとおりである。

(a) Ｑ氏の当月役員報酬額　￥716,800

(b) 施工管理業務の従事時間

（単位：時間）

工事番号	０３２	０５３	１０１	１０２	合計
従事時間	20	30	40	30	120

第33回　解答用紙

第1問　20点

解答にあたっては、各問とも指定した字数以内（句読点を含む）で記入すること。

問1

第2問　10点

記号（ア～ス）

1	2	3	4	5

第3問　18点

問1　直接配賦法　¥

問2　階梯式配賦法　¥

問3　相互配賦法－連立方程式法　¥

第4問

第5問　34点

問1

完成工事原価報告書

自　20×1年10月 1日
至　20×1年10月31日

X建設工業株式会社
（単位：円）

Ⅰ．材料費	
Ⅱ．労務費	
Ⅲ．外注費	
Ⅳ．経　費	
（うち人件費　　）	

第34回　問題

第1問
20点

次の問に解答しなさい。各問ともに指定した字数以内で記入すること。

問1　社内に対する建設業原価計算の目的について説明しなさい。(300字)

問2　積算上の直接工事費としての経費と完成工事原価報告書上の経費の相違点について説明しなさい。(200字)

第2問
12点

経営意思決定の特殊原価分析に関する次の各文章は正しいか否か。正しい場合は「A」、正しくない場合は「B」を解答用紙の所定の欄に記入しなさい。

1．関連原価（relevant costs）は代替案選択の意思決定における重要な概念である。その分析では、代替案間で金額が異ならない未来原価（future costs）を関連原価に集計する。

2．ある案を選択することで他の代替案を選択できなくなることがある。選択されない各代替案か

第3問 16点

S建設工業株式会社は、近隣に多くの工事現場を同時に保有することが多く、建設機械や資材等の運搬に多くのコストを要する。この原価管理のために、重要な保有車両であるA、B、Cをコスト・センター化し、走行距離1 km当たり車両費率（円／km）を予め算定し、これを用いて各現場に予定配賦している。次の〈資料〉によって、当月の各現場（No.101～No.104）への車両費配賦額を算定しなさい。なお、走行距離1 km当たり車両費率の算定に際しては小数点第3位を四捨五入し、当月の各現場への車両費配賦額の算定に際しては円未満を四捨五入すること。

〈資料〉

1．走行距離1 km当たり車両費率を予め算定するための資料

(1)　車両関係予算額

①　個別費の車両別内訳　　（単位：円）

	車両A	車両B	車両C
減価償却費	827,600	620,700	620,700
修繕費	245,900	99,500	111,500
燃料費	522,000	387,700	349,500
税金	161,000	77,000	97,000
保険料	165,600	76,000	131,900

②　共通費

油脂代　¥288,650　　消耗品費　¥379,500　　福利厚生費　¥235,300

第4問 18点

G建設株式会社では、現在（20×3年度末）、3年前に購入し使用してきた機械（以下、旧機械）を高性能の新機械に取り替えるかどうかについて検討している。次の〈資料〉に基づいて、下記の設問に答えなさい。なお、計算の過程で端数が生じた場合は、計算途中では四捨五入せず、最終数値の円未満を四捨五入すること。

〈資料〉

旧機械は取得原価￥45,000,000、耐用年数6年、残存価額ゼロとして、定額法による減価償却を過不足なく行ってきている。新機械の購入価額は￥60,000,000、耐用年数3年、残存価額ゼロとして、定額法による減価償却を行う予定である。旧機械から新機械に取り替えると今後3年間（20×4年度～20×6年度）にわたり、毎年、現金売上高がそれまでの年￥26,000,000から年￥37,000,000に増加し、現金支出費用は年￥11,000,000から年￥8,000,000に減少すると予想される。なお、新機械に取り替える場合、旧機械はその時の簿価で引き取ってもらう約束である。また、旧機械と新機械のいずれも3年後の耐用年数到来時の売却価額はゼロと予想される。今後3年間にわたり黒字が継続すると見込まれる。実効税率は40％である。

問1　旧機械を新機械に取り替える場合の20×3年度および20×4年度のキャッシュ・フローの純増減額を計算しなさい。インフローの場合は「A」、アウトフローの場合は「B」を記入すること。

第5問　34点

下記の〈資料〉は、X建設工業株式会社（当会計期間：20×8年4月1日～20×9年3月31日）における20×8年7月の工事原価計算関係資料である。次の設問に解答しなさい。月次で発生する原価差異は、そのまま翌月に繰り越す処理をしている。なお、計算の過程で端数が生じた場合は、円未満を四捨五入すること。

問1　工事完成基準を採用して当月の完成工事原価報告書を作成しなさい。

問2　当月末における未成工事支出金の勘定残高を計算しなさい。

問3　次の配賦差異について当月末の勘定残高を計算しなさい。なお、それらの差異について、借方残高の場合は「A」、貸方残高の場合は「B」を解答用紙の所定の欄に記入すること。

①　重機械部門費予算差異　　②　重機械部門費操業度差異

〈資料〉

1．当月の工事の状況

工事番号	着工	竣工
501	前月以前	当月
602	前月以前	当月
701	当月	当月
702	当月	月末現在未成

３．当月の材料費に関する資料

(1)　甲材料は常備材料で、材料元帳を作成して実際消費額を計算している。消費単価の計算について先入先出法を採用している。当月の材料元帳の記録は次のとおりである。

日　付	摘　要	単価（円）	数量（単位）
7月1日	前月繰越	10,500	30
4日	購入	11,000	70
7日	７０１工事で消費		60
10日	購入	12,500	50
15日	６０２工事で消費		70
18日	戻り		10
21日	購入	13,000	50
25日	７０２工事で消費		60
31日	月末在庫		20

（注１）11日に10日購入分として、¥25,000の値引を受けた。

（注２）18日の戻りは７日出庫分である。戻りは出庫の取り消しとして処理し、戻り材料は次回の出庫のとき最初に出庫させること。

（注３）棚卸減耗は発生しなかった。

(2)　乙材料は仮設工事用の資材で、工事原価への算入はすくい出し法により処理している。当月の工事別関係資料は次のとおりである。

5．当月の外注費に関する資料

当社の外注工事には、資材購入や重機械工事を含むもの（一般外注）と労務提供を主体とするもの（労務外注）がある。当月の工事別の実際発生額は次のとおりである。

（単位：円）

工事番号	５０１	６０２	７０１	７０２	合計
一般外注	26,500	97,100	155,900	65,900	345,400
労務外注	18,000	77,200	127,000	49,000	271,200

（注）労務外注費は、完成工事原価報告書においては労務費に含めて記載することとしている。

6．当月の経費に関する資料

(1)　直接経費の内訳

（単位：円）

工事番号	５０１	６０２	７０１	７０２	合計
動力用水光熱費	5,000	5,700	9,400	11,300	31,400
労務管理費	2,000	4,200	6,100	9,400	21,700
従業員給料手当	9,900	18,800	25,800	35,100	89,600
法定福利費	1,100	4,050	4,000	5,550	14,700
福利厚生費	2,500	4,300	6,060	6,800	19,660
事務用品費	800	2,200	2,100	4,800	9,900
計	21,300	39,250	53,460	72,950	186,960

（注）経費に含まれる人件費の計算において、退職金および退職給付引当金繰入額は考慮しない。

第34回　解答用紙

第1問　20点

解答にあたっては、各問とも指定した字数以内（句読点を含む）で記入すること。

問1

第２問　12点

記号（ＡまたはＢ）

1	2	3	4	5	6

第３問　16点

No.101現場　¥

No.102現場　¥

No.103現場　¥

No.104現場　¥

第5問　34点

問1

完成工事原価報告書

自　20×8年 7月 1日
至　20×8年 7月31日

X建設工業株式会社
（単位：円）

Ⅰ．材料費		
Ⅱ．労務費		
（うち労務外注費	）	
Ⅲ．外注費		
Ⅳ．経　費		
（うち人件費	）	

〈用語群〉

ア　実際配賦	イ　相互配賦法	ウ　変動予算	エ　実現可能最大操業度
オ　長期正常操業度	カ　実行予算	キ　施工部門化	ク　予定配賦
コ　変動予算	サ　法定福利費	シ　階梯式配賦法	ス　労務管理費
セ　社内センター化	ソ　直接配賦法	タ　次期予定操業度	

問１　大型クレーンの運転１時間当たり損料額と供用１日当たり損料額を計算しなさい。ただし、減価償却費については、両損料額の算定にあたって年当たり減価償却費の半額ずつをそれぞれ組み入れている。

問２　問１の損料額を予定配賦率として利用し、M現場とN現場への配賦額を計算しなさい。

問３　初年度３月次における大型クレーンの損料差異を計算しなさい。なお、有利差異の場合は「A」、不利差異の場合は「B」を解答用紙の所定の欄に記入すること。

3．その他の計算条件

(1) 設備投資により、現金売上、現金支出費用、減価償却費が発生する。

(2) 今後5年間にわたり黒字が継続すると見込まれる。実効税率は30％である。

(3) 加重平均資本コスト率は10％である。計算に際しては、次の現価係数を使用すること。

1年	2年	3年	4年	5年	合計
0.9091	0.8264	0.7513	0.6830	0.6209	3.7907

(4) 解答に際して端数が生じるときは、最終の解答数値の段階で、金額については千円未満を切り捨て、年数については年表示で小数点第2位を四捨五入し、比率（％）については％表示で小数点第1位を四捨五入すること。

問1　N投資案の1年間の差額キャッシュ・フローを計算しなさい。ただし、貨幣の時間価値を考慮する必要はない。

問2　貨幣の時間価値を考慮しない回収期間法によって、N投資案の回収期間を計算しなさい。ただし、各年度の経済的効果が年間を通じて平均的に発生すると仮定すること。

問3　平均投資額を分母とする単純投資利益率法（会計的利益率法）によって、N投資案の投資利益率を計算しなさい。

問4　正味現在価値法によって、N投資案の正味現在価値を計算しなさい。

問5　問2において、貨幣の時間価値を考慮する場合、N投資案の割引回収期間を計算しなさい。

（単位：円）

工事番号	材料費	労務費	外注費（労務外注費）	経　費	合　計
781	102,220	55,070	94,700（22,910）	33,620	285,610
782	62,570	23,780	35,000（15,370）	20,930	142,280

（注）（　）の数値は、当該費目の内書の金額である。

3．当月の材料費に関する資料

(1)　A材料は仮設工事用の資材で、工事原価への算入はすくい出し法により処理している。当月の工事別関係資料は次のとおりである。

（単位：円）

工事番号	781	782	783	784
当月仮設資材投入額	（注）	37,680	41,390	38,200
仮設工事完了時評価額	12,600	12,660	25,470	仮設工事未了

（注）781工事の仮設工事は前月までに完了しており、その資材投入額は前月末の未成工事支出金に含まれている。

D工事（一般外注）	47,109	69,880	195,200	111,900	424,089
E工事（労務外注）	24,100	58,310	48,210	28,450	159,070

労務外注費について、月次の工事原価計算表においても、建設業法施行規則に従って表記することとしている。

6．当月の経費に関する資料

(1) 車両部門費の配賦については、会計期間中の正常配賦を考慮して、原則として年間を通じて車両別の同一の配賦率（車両費予定配賦率）を使用することとしている。

① 当会計期間の走行距離1 km当たり車両費予定配賦率を算定するための資料

(a) 車両個別費の内訳

（単位：円）

摘要	車両F	車両G
減価償却費	125,000	139,000
修繕管理費	68,000	72,000
燃料費	101,000	123,000
税・保険料	35,690	44,810

③　当月の実際発生額　￥83,220

(3)　その他の工事経費については、請負工事全体を管理する出張所において一括して把握し、これを工事規模等を勘案した次の係数によって配賦している。

①　出張所経費　当月発生額　￥98,600

②　配賦の係数

工事番号	781	782	783	784	合　計
配賦係数	25	50	60	35	170

問2

問3

¥ 　　　　 記号（AまたはB）

6

3．外注費					
4．経費					
(1)車両部門費					
(2)重機械部門費					
(3)出張所経費配賦額					
［経費計］					
当月完成工事原価				—	
月末未成工事原価	—	—	—		

問3

① 材料副費配賦差異 ¥ ＿＿＿ 記号（AまたはB）＿＿＿

② 労務費賃率差異 ¥ ＿＿＿ 記号（ 同 上 ）＿＿＿

③ 重機械部門費操業度差異 ¥ ＿＿＿ 記号（ 同 上 ）＿＿＿

手直費	3,300万円	3,200万円

品質コストは、品質適合コストと品質不適合コストに大別される。このうち品質適合コストはさらに、設計・仕様に合致しない建造物の施工を防ぐために発生するコストである [1] コストと、設計・仕様に合致しない建造物を発見するために発生するコストである [2] コストに分類できる。

当社では品質管理活動を充実させることを計画している。〈資料〉によれば、1年後の [1] コストは、現在の金額に比べて [3] 万円増加し、1年後の [2] コストは、現在の金額に比べて [4] 万円増加する予定である。一方、1年後の品質不適合コストは、現在の金額に比べて [5] 万円減少することが見込まれているため、品質管理活動の充実は有益であると考えられる。

〈用語・数値群〉

ア	評価	イ	改善	ウ	予防	エ	設計
オ	失敗	カ	600	キ	800	ク	1,000
コ	1,200	サ	1,400	シ	2,800	ス	3,400

問２　階梯式配賦法（ただし、配賦の順序については経営管理部門費を第１順位、修繕部門費を第２順位、運搬部門費を第３順位とする）

問３　連立方程式を使用した相互配賦法

の場合、代替案1、代替案2のどちらが有利であるかを、当月の代替案間の差額原価とともに
示しなさい。

問2　当月初にA部品を220個製造できる材料aの保有在庫とB部品を180個製造できる材料bの保有在庫があるものとする。必要量だけ購入する材料の原価に関する情報は問1と同じであるとする。A部品、B部品を1個製造するのに必要な保有材料の帳簿上の払出額は材料aが1,970円、材料bが1,950円である。この場合、代替案1、代替案2のどちらが有利であるかを、当月の代替案間の差額原価とともに示しなさい。

問3　当月初にA部品を220個製造できる材料aの保有在庫とB部品を180個製造できる材料bの保有在庫があるが、当社は、当月末時点で最低でもA部品160個製造分の材料a、B部品90個製造分の材料bを保有するという方針をとっているものとする。必要量だけ購入する材料の原価に関する情報は問1、問2と同じである。当月末時点の材料を最低量に抑えた場合、代替案1、代替案2のどちらが有利であるかを、当月の代替案間の差額原価とともに示しなさい。

問4　〈資料〉の4．を変更し、代替案1、代替案2のどちらを採用したとしても、A部品は1個当たり5,300円で、B部品は1個当たり4,500円で外部に販売できるものとする。必要量だけ購入する材料の原価に関する情報は問1、問2、問3と、材料在庫量に関する情報は問3と同じであるとする。代替案1、代替案2のどちらが有利であるかを、当月の代替案間の差額利益とともに示しなさい。

２．月初における前月繰越金額

(1)　月初未成工事原価の内訳　　　　　　　　　　　　　　　　　　　　　（単位：円）

工事番号	材料費	労務費	外注費	経費（人件費）	合計
０３２	192,000	111,800	177,500	53,500（38,600）	534,800
０５３	76,200	43,800	64,300	29,000（16,900）	213,300

（注）(　　）の数値は、当該費目の内書の金額である。

(2)　配賦差異の残高

運搬車両部門費予算差異　¥1,500（借方残高）運搬車両部門費操業度差異　¥1,200（貸方残高）

4．当月の労務費に関する資料

当社では、Ｌ作業について常雇作業員による専門工事を実施している。工事原価の計算には予定賃率（１時間当たり￥2,600）を使用している。10月の実際作業時間は次のとおりである。

（単位：時間）

工事番号	０３２	０５３	１０１	１０２	合計
Ｌ作業時間	13	25	42	16	96

5．当月の外注費に関する資料

当社の外注工事には、資材購入や重機械の提供を含むもの（一般外注）と労務提供を主体とするもの（労務外注）がある。工事別の当月実際発生額は次のとおりである。

（単位：円）

工事番号	０３２	０５３	１０１	１０２	合計
一般外注	76,600	108,500	279,000	92,000	556,100
労務外注	166,200	228,800	289,500	179,900	864,400

（注）労務外注費は、月次の完成工事原価報告書の作成に当たっては、そのまま外注費として計上する。

(d)　業務間の等価係数（業務１時間当たり）は次のとおりである。

施工管理　1.2　　一般管理　1.0

(3)　当社の常雇作業員によるＬ作業に関係する経費を運搬車両部門費として、次の(a)の変動予算方式で計算する予定配賦率によって工事原価に算入している。関係資料は次のとおりである。

(a)　当会計期間について設定された変動予算の基準数値

基準運転時間　Ｌ労務作業　年間　1,200時間

変動費率（１時間当たり）　￥400　　固定費（年額）　￥1,080,000

(b)　当月の運搬車両部門費の実際発生額は￥135,500であった。

(c)　月次で許容される予算額の計算

ア．固定費　　月割経費とする。固定費から予算差異は生じていない。

イ．変動費　　実際時間に基づく予算額を計算する。

(d)　運搬車両部門費はすべて人件費を含まない経費である。

問2

問１	当月の差額原価		円	代替案		（１または２）
問２	当月の差額原価		円	代替案		（　同　上　）
問３	当月の差額原価		円	代替案		（　同　上　）
問４	当月の差額利益		円	代替案		（　同　上　）

問２　　¥

問３

①　運搬車両部門費予算差異　　¥　　記号（ＡまたはＢ）

②　運搬車両部門費操業度差異　　¥　　記号（　同　上　）

3．原価の発生が既に確定し、どの代替案を選択しても回避不能な原価を埋没原価（sunk costs）という。

4．遊休生産能力があり、かつ、新規顧客から通常価格より低い価格の特別注文がある場合、その差額利益がプラスであるとしても、既存顧客からの受注への影響を考慮すると、この特別注文を引き受けるとは限らない。

5．固定費は操業度の増減にかかわらず一定期間変化せず同額が発生する原価である。固定費の全てが埋没原価になるとは限らない。

6．設備投資の意思決定モデルの一つである回収期間法の欠点として、投資額を回収した後のキャッシュ・フローおよび貨幣の時間価値をそれぞれ無視していることがあげられる。これら二つの欠点は、割引回収期間法を採用することで克服される。

(2) 共通費の配賦基準と基準数値

	配賦基準	車両A	車両B	車両C
油脂代	走行距離	8,600km	8,400km	8,100km
消耗品費	車両重量	12 t	11 t	10 t
福利厚生費	関係人員	9人	8人	9人
雑費	減価償却費額	個別費の車両別内訳を参照のこと		

2．当月の現場別車両使用実績

(単位：km)

	車両A	車両B	車両C
No.101現場	275	──	285
No.102現場	215	180	55
No.103現場	63	110	85
No.104現場	──	385	305

るかを正味現在価値法によって判定しなさい。有利の場合は「Ａ」、不利の場合は「Ｂ」を記入すること。ただし、各年度のキャッシュ・フローは年度末に生じるものとする。税引後資本コスト率を８％とし、計算にあたっては次の複利現価係数を用いること。

	１年	２年	３年
８％	0.926	0.857	0.794

2．月初における前月繰越金額

(1) 月初未成工事原価の内訳

(単位：円)

工事番号	材料費	労務費	外注費（労務外注費）	経費（人件費）	合計
５０１	125,700	88,300	133,300（ 98,800）	86,080（53,900）	433,380
６０２	66,600	65,000	76,100（ 45,550）	35,400（28,800）	243,100
計	192,300	153,300	209,400（144,350）	121,480（82,700）	676,480

(注)（　　）の数値は、当該費目の内書の金額である。

(2) 配賦差異の残高

重機械部門費予算差異　￥2,050（借方）　　重機械部門費操業度差異　￥3,900（貸方）

工事番号	501	602	701	702
当月仮設資材投入額	(注)	36,000	45,900	40,400
仮設工事完了時評価額	10,100	11,500	17,300	(仮設工事未了)

(注) ５０１工事の仮設工事は前月までに完了し、その資材投入額は前月末の未成工事支出金に含まれている。

4．当月の労務費に関する資料

当社では、重機械のオペレーターとして月給制の従業員を雇用している。基本給および基本手当については、原則として工事作業に従事した日数によって実際発生額を配賦している。ただし、特定の工事に関することが判明している残業手当は、当該工事原価に算入する。当月の関係資料は次のとおりである。

(1) 支払賃金（基本給および基本手当　対象期間６月25日～７月24日）¥805,000

(2) 残業手当（602工事　対象期間７月25日～７月31日）¥26,000

(3) 前月末未払賃金計上額　¥111,800

(4) 当月末未払賃金要計上額（ただし残業手当を除く）¥94,300

(5) 工事従事日数　（単位：日）

工事番号	５０１	６０２	７０１	７０２	合計
工事従事日数	3	7	9	6	25

(2) 役員であるS氏は一般管理業務に携わるとともに、施工管理技術者の資格で現場管理業務も兼務している。役員報酬のうち、担当した当該業務に係る分は、従事時間数により工事原価に算入している。また、工事原価と一般管理費の業務との間には等価係数を設定している。関係資料は次のとおりである。

(a) S氏の当月役員報酬額　¥672,000

(b) 施工管理業務の従事時間　（単位：時間）

工事番号	501	602	701	702	合計
従事時間	8	20	12	20	60

(c) 役員としての一般管理業務は120時間であった。

(d) 業務間の等価係数（業務1時間当たり）は次のとおりである。

施工管理　1.2　　一般管理　1.0

(3) 工事に利用する重機械に関係する費用（重機械部門費）は、固定予算方式によって予定配賦している。当月の関係資料は次のとおりである。

(a) 固定予算（月間換算）

基準重機械運転時間　180時間　　その固定予算額　¥234,000

(b) 工事別の使用実績　（単位：時間）

工事番号	501	602	701	702	合計
従事時間	19	60	55	50	184

(c) 重機械部門費の当月実際発生額　¥246,000

(d) 重機械部門費はすべて人件費を含まない経費である。

問 2

問1

20×3年度　¥　　記号（AまたはB）

20×4年度　¥　　記号（AまたはB）

問2

¥　　記号（AまたはB）

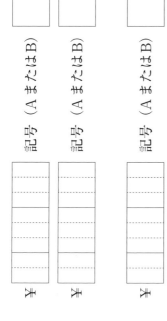

完成工事原価

問2

¥

問3

① 重機械部門費予算差異 ¥ 記号（AまたはB）

② 重機械部門費操業度差異 ¥ 記号（ 同 上 ）

問題 30

	正　誤	理　　　　　由
①		
②		
③		
④		
⑤		
⑥		
⑦		
⑧		

問題 31

	理　　　　　由
①	
②	
③	
④	
⑤	
⑥	
⑦	

問題 32

記号（ア～ソ）	1	2	3	4	5	6	7	8

問題 33

〔問１〕「工事原価計算表」の作成

工事原価計算表

×1年10月次　　　　　　（単位：円）

	No.501	No.502	No.503	No.504	合計
月初未成工事原価	(　)	(　)	(　)	(　)	(　)
当月発生工事原価					
材料費					
(1) 甲材料費	(　)	(　)	(　)	(　)	(　)
(2) 乙材料費	(　)	(　)	(　)	(　)	(　)
［材料費計］	(　)	(　)	(　)	(　)	(　)
労務費					
(1) A作業費	(　)	(　)	(　)	(　)	(　)
(2) B作業費	(　)	(　)	(　)	(　)	(　)
［労務費計］	(　)	(　)	(　)	(　)	(　)
外注費					
C作業費	2,047,920	2,849,280	2,582,160	1,424,640	8,904,000
［外注費計］	2,047,920	2,849,280	2,582,160	1,424,640	8,904,000
経費					
(1) 直接発生経費	(　)	(　)	(　)	(　)	(　)
(2) 共通職員人件費	(　)	(　)	(　)	(　)	(　)
(3) 仕上部門費	(　)	(　)	(　)	(　)	(　)
［経費計］	(　)	(　)	(　)	(　)	(　)
当月完成工事原価	(　)	(　)	(　)	(　)	(　)
月末未成工事原価	(　)	(　)	(　)	(　)	(　)

〔問２〕「完成工事原価報告書」の作成

完成工事原価報告書　　（単位：円）

Ⅰ．材料費

Ⅱ．労務費

Ⅲ．外注費

Ⅳ．経費

（うち人件費　　　　　　）

合計

〔問３〕労務費賃率差異の計算

摘　　要	金　　額	記　　号
賃　率　差　異	円	

〔問４〕工事間接費配賦差異の計算

摘　　要	金　　額	記　　号
工事間接費配賦差異	円	
予　算　差　異	円	
操　業　度　差　異	円	

問題 34

〔問１〕「工事原価計算表」の作成

工事原価計算表

×１年５月次

（単位：円）

	No.601	No.602	No.603	No.604	合　計
月初未成工事原価	(　　)	(　　)	(　　)	(　　)	(　　)
当月発生工事原価					
Ⅰ．材　料　費					
(1)　A　材　料　費	(　　)	(　　)	(　　)	(　　)	(　　)
(2)　B　材　料　費	(　　)	(　　)	(　　)	(　　)	(　　)
(3)　仮設材料費	(　　)	(　　)	(　　)	(　　)	(　　)
［材　料　費　計］	(　　)	(　　)	(　　)	(　　)	(　　)
Ⅱ．労　務　費					
(1)　熟練作業員	(　　)	(　　)	(　　)	(　　)	(　　)
(2)　非熟練作業員	(　　)	(　　)	(　　)	(　　)	(　　)
［労　務　費　計］	(　　)	(　　)	(　　)	(　　)	(　　)
Ⅲ．外　注　費					
(1)　X　作　業　費	1,385,600	3,588,000	3,073,600	987,600	9,034,800
(2)　Y　作　業　費	1,158,800	2,666,400	2,256,000	746,800	6,828,000
［外　注　費　計］	2,544,400	6,254,400	5,329,600	1,734,400	15,862,800
Ⅳ．経　　費					
(1)　直接発生経費	(　　)	(　　)	(　　)	(　　)	(　　)
(2)　機械部門費	(　　)	(　　)	(　　)	(　　)	(　　)
(3)　車両部門費	(　　)	(　　)	(　　)	(　　)	(　　)
［経　　費　　計］	(　　)	(　　)	(　　)	(　　)	(　　)
当月完成工事原価	(　　)	(　　)	(　　)	(　　)	(　　)
月末未成工事原価	(　　)	(　　)	(　　)	(　　)	(　　)

〔問２〕「完成工事原価報告書」の作成

完成工事原価報告書　　(単位：円)

Ⅰ. 材　料　費
Ⅱ. 労　務　費
　(うち労務外注費　　　　　　　)
Ⅲ. 外　注　費
Ⅳ. 経　　　費
　(う ち 人 件 費　　　　　　　)
　　　　　合計

〔問３〕総消費価格差異およびNo.602、No.603工事に関する消費量差異の算定

摘　　要	金　　額	記　　号
総消費価格差異	円	
消費量差異（No.602）	円	
消費量差異（No.603）	円	

問題 35

〔問１〕「工事原価計算表」の作成

工事原価計算表

×1年６月次　　　　　　　　　　　　　　　　(単位：円)

	No.701	No.702	No.703	No.704	合　計
月初未成工事原価	( )	( )	( )	( )	( )
当月発生工事原価					
Ⅰ. 材　料　費					
(1) 甲　材　料　費	( )	( )	( )	( )	( )
(2) 乙　材　料　費	( )	( )	( )	( )	( )
(3) 仮設材料費	( )	( )	( )	( )	( )
[材　料　費　計]	( )	( )	( )	( )	( )
Ⅱ. 労　務　費					
(1) 熟練作業員	( )	( )	( )	( )	( )
(2) 非熟練作業員	( )	( )	( )	( )	( )
[労　務　費　計]	( )	( )	( )	( )	( )
Ⅲ. 外　注　費					
(1) A　工　事　費	123,120	168,480	84,240	142,560	518,400
(2) B　工　事　費	302,400	319,200	134,400	336,000	1,092,000
[外　注　費　計]	425,520	487,680	218,640	478,560	1,610,400
Ⅳ. 経　　　費					
(1) 直接発生経費	( )	( )	( )	( )	( )
(2) 仕上部門費	( )	( )	( )	( )	( )
(3) 共通発生経費	( )	( )	( )	( )	( )
[経　　費　　計]	( )	( )	( )	( )	( )
当月完成工事原価	( )	( )	( )	( )	( )
月末未成工事原価	( )	( )	( )	( )	( )

〔問２〕「完成工事原価報告書」の作成

完成工事原価報告書　　(単位：円)

Ⅰ. 材　料　費

Ⅱ. 労　務　費

　　(うち労務外注費　　　　　　　)

Ⅲ. 外　注　費

Ⅳ. 経　　　費

　　(う ち 人 件 費　　　　　　　)

　　　　　合計

〔問３〕労務費賃率差異の計算

摘　　要	金　　額	記　　号
労務費賃率差異	円	

〔問４〕仕上部門費配賦差異の計算

摘　　要	金　　額	記　　号
仕上部門費配賦差異	円	
予　算　差　異	円	
操　業　度　差　異	円	

問題 36

問題 37

記号（AまたはB）	1	2	3

問題 38

(1) 工事完成基準を採用している場合：＿＿＿＿＿＿円

(2) 工事進行基準を採用している場合：＿＿＿＿＿＿円

問題 39

(1) 平　均　法

月末仕掛品原価	円		
完成品原価	円	完成品単位原価@	円

(2) 先入先出法

月末仕掛品原価	円		
完成品原価	円	完成品単位原価@	円

問題 40

	完成品原価	月末仕掛品原価
①　総合原価計算	円	円
②　個別原価計算	円	円

問題 41

勘定科目	前期繰越高
仕掛品	円
製品	円

問題 42

〔問１〕

（単位：個、円）

摘　　要	原料費		加工費		合　　計
	数　量	金　額	換算量	金　額	
期首仕掛品					
当期投入					
計					
期末仕掛品					
完成品					
単位原価	——		——		

振替差異　　　　　　　円（　　　　）

〔問２〕

（単位：個、円）

摘　　要	前工程費		加工費		合　　計
	数　量	金　額	換算量	金　額	
当期投入					
期末仕掛品					
差　引					
期首仕掛品					
完成品					
単位原価	——		——		

振替差異　　　　　　　円（　　　　）

〔問３〕

（単位：個、円）

摘　　要	前工程費		加工費		合　　計
	数　量	金　額	換算量	金　額	
当期投入					
期末仕掛品					
差　引					
期首仕掛品					
完成品					
単位原価	——		——		

問題 43

	A組製品	B組製品
(1) 月末仕掛品原価	円	円
(2) 完 成 品 原 価	円	円
(3) 完成品単位原価	円	円

問題 44

(単位：千円)

完成品原価	A	
	B	
	C	
期末仕掛品原価		

問題 45

〔問1〕

(単位：円)

	A級品	B級品
完 成 品 原 価		
完 成 品 単 位 原 価		
月 末 仕 掛 品 原 価		

〔問2〕

(単位：円)

	A級品	B級品
完 成 品 原 価		
完 成 品 単 位 原 価		
月 末 仕 掛 品 原 価		

問題 46

（単位：円）

摘　要	甲製品		乙製品	
	材料費	加工費	材料費	加工費
月初仕掛品原価	203,850	50,526	187,740	43,908
当月製造費用				
合　計				
月末仕掛品原価				
当月完成品原価				

問題 47

	完成品原価	単位原価
A 製品	円	円
B 製品	円	円

問題 48

製品名	(1) 生産量基準	(2) 正常市価基準
A	円	円
B	円	円
C	円	円

問題 49

(1)		円
(2)	副産物	円
	作業屑	円

問題 50

問題 51

問題 52

〔問1〕

車両部門予算表

×3年度

(単位：円)

摘要	予算額	配賦基準	車両 X	車両 Y
個別費	2,114,980		1,372,960	742,020
共通費				
消耗品費	333,900	車両の重量		
油脂関係費	160,320	予定走行距離		
福利厚生費	126,000	関係人員数		
雑費	97,400	均分		
共通費計	717,620			
合計	2,832,600			
予定走行距離			km	km
車両費率			@	@

〔問2〕

工　事　原　価　計　算　表

×4年1月次　　　　(単位：円)

工事番号／摘要	No.51	No.52	No.53	No.54	合　計
月初未成工事原価			—	—	
当月発生工事原価					
1．材料費					
(1)　甲材料費					
(2)　乙材料費					
(3)　仮設材料費					
[材料費計]					
2．労務費					
MUSET作業費					
3．外注費	39,140	574,060	716,800	71,460	1,401,460
4．経　費					
(1)　機械部門費					
(2)　車両部門費					
(3)　その他の経費	1,500	7,440	17,060	10,640	36,640
[経費計]					
当月完成工事原価				—	
月末未成工事原価	—	—	—		

〔問3〕

総消費価格差異　　　円　記号（AまたはB）

No.52工事消費量差異　　　円　記号（AまたはB）

No.53工事消費量差異　　　円　記号（AまたはB）

問題 53

	金　　額	記　号
作業時間差異	円	
賃　率　差　異	円	

問題 54

	(1)　標準配賦額	(2)　配賦差異	
	金　　額	金　　額	記　号
〔問１〕	円	円	
〔問２〕	円	円	
〔問３〕	円	円	

	(3)①　予算差異		(3)②　操業度差異		(3)③　能率差異	
	金　　額	記　号	金　　額	記　号	金　　額	記　号
〔問１〕	円		円		円	
〔問２〕	円		円		円	
〔問３〕	円		円		円	

問題 55

問題 56

①	②	③	④	⑤	⑥

問題57

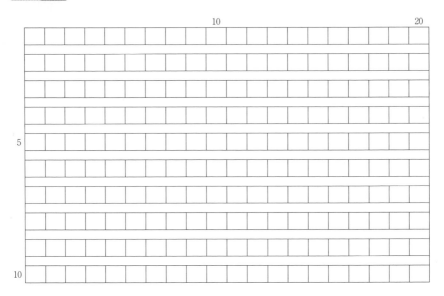

問題58

［　　　　］案のほうが、［　　　　］案に比べて、［　　　　　］円有利である。

問題59

〔問１〕＿＿＿＿＿＿＿年

〔問２〕＿＿＿＿＿＿＿万円

〔問３〕＿＿＿＿＿＿＿％